工程施工与质量简明手册丛书

# 城市管廊

汤 伟 李娟娟 王云江 ◎主编

U0283828

中国建材工业出版社

**图书在版编目（CIP）数据**

城市管廊/汤伟，李娟娟，王云江主编. —北京：
中国建材工业出版社，2018.10
（工程施工与质量简明手册丛书／王云江主编）
ISBN 978-7-5160-2419-5

Ⅰ．①城… Ⅱ．①汤… ②李… ③王… Ⅲ．①市政工
程-地下管道-管道工程-技术手册 Ⅳ．①TU990.3-62

中国版本图书馆 CIP 数据核字（2018）第 212724 号

**城市管廊**

汤 伟 李娟娟 王云江 主编

出版发行：中国建材工业出版社
地 　址：北京市海淀区三里河路1号
邮 　编：100044
经 　销：全国各地新华书店
印 　刷：北京雁林吉兆印刷有限公司
开 　本：787mm×1092mm 1/32
印 　张：8.875
字 　数：200千字
版 　次：2018年10月第1版
印 　次：2018年10月第1次
定 　价：**40.00元**

## 内 容 简 介

本书是依据现行国家和行业的施工与质量验收标准、规范，并结合城市管廊施工与质量实践编写而成的，基本覆盖了城市管廊施工的主要领域。本书旨在为城市管廊施工人员提供一本简明实用、方便携带的小型工具书，便于他们在施工现场随时参考、快速解决实际问题，保证工程质量。本书包括地基与基础工程、主体结构、附属设施工程，共三大部分。

本书可供城市管廊专业技术管理人员和施工人员使用，也可供各类院校相关专业师生学习参考。

## 《工程施工与质量简明手册丛书》
## 编写委员会

## 《工程施工与质量简明手册丛书——城市管廊》
## 编　委　会

主编单位：杭州市建设工程质量安全监督总站
参编单位：杭州三阳建设工程有限公司
　　　　　杭州萧宏建设环境集团有限公司
　　　　　杭州市城市建设基础工程有限公司
　　　　　浙江交工集团股份有限公司
　　　　　杭州博凡建设工程有限公司

# 前　言

为及时有效地解决建筑施工现场的实际技术问题，我社策划出版"工程施工与质量简明手册丛书"。本丛书为系列口袋书，内容简明、实用，"身形"小巧，便于携带，随时查阅，使用方便。

本系列丛书各分册分别为《建筑工程》《安装工程》《装饰工程》《市政工程》《园林工程》《公路工程》《基坑工程》《楼宇智能》《城市轨道交通》《建筑加固》《绿色建筑》《城市轨道交通供电工程》《城市轨道交通弱电工程》《城市管廊》《海绵城市》《管道非开挖（CIPP）工程》。

本丛书中的《城市管廊》是依据现行国家和行业的施工与质量验收标准、规范，并结合城市管廊施工与质量实践编写而成的，基本覆盖了城市管廊施工的主要领域。本书旨在为城市管廊施工人员提供一本简明实用、方便携带的小型工具书，便于他们在施工现场随时参考、快速解决实际问题，保证工程质量。本书包括地基与基础工程、主体结构、附属设施工程，共三大部分。

对于本书中的疏漏和不当之处，敬请广大读者不吝指正。

编　者
2018.08.01

# 目　录

## 第一部分　地基与基础工程

# 第三部分 附属设施工程

# 第一部分

# 地基与基础工程

# 1 地　　基

## 1.1　高压喷射注浆地基

### 1.1.1　施工要点

（1）旋喷桩复合地基处理应符合下列要求：

① 适用于淤泥、淤泥质土、一般黏性土、粉土、砂土、黄土、素填土等地基中，采用高压旋喷注浆形成增强体的地基处理。当土中含有较多的大粒径块石、大量植物根茎或有较高的有机质时，以及地下水流速过大和已涌水的工程，应根据现场试验结果确定其适应性。

② 高压旋喷桩施工根据工程需要和土质条件，可分别采用单管法、双管法和三管法。

③ 在制订高压旋喷桩方案时应搜集邻近建筑物和周边地下埋设物等资料。

④ 高压旋喷桩方案确定后，应结合工程情况进行现场试验、试验性施工确定施工参数及工艺。

（2）旋喷桩复合地基宜在基础和桩顶之间设置褥垫层。褥垫层厚度可取 200～300mm，其材料可选用中砂、粗砂、级配砂石等，最大粒径不宜大于 30mm。

（3）旋喷桩的平面布置可根据上部结构和基础形式确定。

### 1.1.2　质量要点

（1）施工前应根据现场环境和地下埋设物的位置等情

况，复核高压喷射注浆的设计孔位。

（2）高压旋喷桩的施工参数应根据土质条件、加固要求通过试验或根据工程经验确定，并在施工中严格加以控制。单管法及双管法的高压水泥浆和三管法高压水的压力宜大于30MPa，流量大于30L/min，气流压力宜取0.7MPa，提升速度可取0.1～0.2m/min。

（3）高压喷射注浆，对于无特殊要求的工程宜采用强度等级为P.O.32.5级及以上的普通硅酸盐水泥，根据需要可加入适量的外加剂及掺和料。外加剂和掺和料的用量，应通过试验确定。

（4）水泥浆液的水胶比应按工程要求确定，可取0.8～1.2，常用0.9。

（5）高压喷射注浆的施工工序为机具就位、贯入喷射管、喷射注浆、拔管和冲洗等。

（6）喷射孔与高压注浆泵的距离不宜大于50m。钻孔的位置与设计位置的偏差不得大于50mm。垂直度偏差不大于1‰。实际孔位、孔深和每个钻孔内的地下障碍物、洞穴、涌水、漏水及岩土工程勘察报告不符等情况均应详细记录。

（7）当喷射注浆管贯入土中，喷嘴达到设计标高时，即可喷射注浆。在喷射注浆参数达到规定值后，随即按旋喷的工艺要求，提升喷射管，由下而上旋转喷射注浆。喷射管分段提升的搭接长度不得小于100mm。

（8）对需要局部扩大加固范围或提高强度的部位，可采用复喷措施。

（9）在高压喷射注浆过程中出现压力骤然下降、上升或冒浆异常时，应查明原因并及时采取措施。

（10）高压喷射注浆完毕，应迅速拔出喷射管。为防止浆液凝固收缩影响桩顶高程，必要时可在原孔位采用冒浆回灌或第二次注浆等措施。

（11）施工中应做好泥浆处理，及时将泥浆运出或在现场短期堆放后作土方运出。

（12）施工中应严格按照施工参数和材料用量施工，用浆量和提升速度应采用自动记录装置，并如实做好各项施工记录。

### 1.1.3 质量验收

（1）高压旋喷桩地基质量检验标准应符合表 1-1 规定。

表 1-1 高压旋喷桩地基质量检验标准

| 项 | 序 | 检查项目 | 允许偏差或允许值 | | 检查方法 |
| --- | --- | --- | --- | --- | --- |
| | | | 单位 | 数值 | |
| 主控项目 | 1 | 水泥及外掺剂质量 | 符合出厂要求 | | 查产品合格证书或抽样送检 |
| | 2 | 水泥用量 | 设计要求 | | 查看流量表及水泥浆水胶比 |
| | 3 | 桩体强度或完整性检验 | 设计要求 | | 按规定方法 |
| | 4 | 地基承载力 | 设计要求 | | 按规定方法 |
| 一般项目 | 1 | 钻孔位置 | mm | ≤50 | 用钢尺量 |
| | 2 | 钻孔垂直度 | % | ≤1.5 | 经纬仪测钻杆或实测 |
| | 3 | 孔深 | mm | ±200 | 用钢尺量 |
| | 4 | 注浆压力 | 按设定参数指标 | | 查看压力表 |
| | 5 | 桩体搭接 | mm | >200 | 用钢尺量 |
| | 6 | 桩体直径 | mm | ≤50 | 开挖后用钢尺量 |
| | 7 | 桩身中心允许偏差 | | ≤0.2$D$ | 开挖后桩顶下 500mm 处用钢尺量，$D$ 为桩径 |

（2）高压旋喷桩可根据工程要求和当地经验采用开挖检查、取芯（常规取芯或软取芯）、标准贯入试验、动力触探载荷试验等方法进行检验。

（3）检验点应布置在下列部位：

① 有代表性的桩位；

② 施工中出现异常情况的部位；

③ 地基情况复杂，可能对高压喷射注浆质量产生影响的部位。

（4）检验点的数量为施工孔数的 2%，并不应少于 5 点。

（5）质量检验宜在高压喷射注浆结束 28 d 后进行。

（6）旋喷桩地基竣工验收时，承载力检验可采用复合地基载荷试验和单桩载荷试验。

（7）载荷试验必须在桩身强度满足试验条件时，并宜在成桩 28 d 后进行。检验数量为桩总数的 0.5%～1%，且每项单体工程不应少于 3 点。

1.1.4 安全与环保措施

（1）高压旋喷桩作业应符合《建筑机械使用安全技术规程》（JGJ 33）及《施工现场临时用电安全技术规范》（JGJ 46）的有关规定，施工中应定期对其进行检查、维修，保证机械使用安全。

（2）施工前场地平整，清除障碍物时必须将弃土、弃渣等运至指定的弃土场内，并在工程完后对弃土场进行挡护、绿化处理。

（3）做好施工区域排水系统，使红线外原有排水系统保持通畅。

（4）严禁施工区域内泥浆、水泥浆、机械油污等未经处理排入附近生活区、商业区等区域而污染水源。

（5）严禁生活区域内的施工垃圾、生活垃圾任意倒放，必须将其运至专门弃土场或进行深埋处理。

（6）散装水泥罐进行美化全封闭围护，避免水泥粉尘四处飘洒，控制扬尘。

（7）严格执行有关规定，遵守环保公约、地方法规、法律及各种规范要求。

## 1.2　水泥搅拌桩地基

### 1.2.1　施工要点

（1）水泥土搅拌桩复合地基处理应符合下列规定：

① 适用于处理正常固结的淤泥、淤泥质土、素填土、黏性土（软塑、可塑）、粉土（稍密、中密）、粉细砂（松散、中密）、中粗砂（松散、稍密）、饱和黄土等土层。不适用于含大孤石或障碍物较多且不易清除的杂填土、欠固结的淤泥和淤泥质土、硬塑及坚硬的黏性土、密实的砂类土，以及地下水渗流影响成桩质量的土层。当地基土的天然含水量小于30%（黄土含水量小于25%）时不宜采用粉体搅拌法。冬期施工时，应考虑负温对处理地基效果的影响。

② 水泥土搅拌桩的施工工艺分为浆液搅拌法（以下简称湿法）和粉体搅拌法（以下简称干法）。可采用单轴、双轴、多轴搅拌或连续成槽搅拌形成柱状、壁状、格栅状或块状水泥土加固体。

③ 对采用水泥土搅拌桩处理地基，除应按现行国家标准《岩土工程勘察规范》（GB 50021）要求进行岩土工程详细勘察外，还应查明拟处理地基土层的 pH 值、塑性指数、

有机质含量、地下障碍物及软土分布情况、地下水位及其运动规律等。

④ 设计前，应进行处理地基土的室内配比试验。针对现场拟处理地基土层的性质，选择合适的固化剂、外掺剂及其掺量，为设计提供不同龄期、不同配比地基土的强度参数。对竖向承载的水泥土强度宜取 90 d 龄期试块的立方体抗压强度平均值。

⑤ 增强体的水泥掺量不应小于 12%，块状加固时水泥掺量不应小于加固天然土质量的 7%；湿法的水泥浆水胶比可取 0.5～0.6。

⑥ 水泥土搅拌桩复合地基宜在基础和桩之间设置褥垫层，厚度可取 200～300mm。褥垫层材料可选用中砂、粗砂、级配砂石等，最大粒径不宜大于 20mm。褥垫层的夯填度不应大于 0.9。

（2）水泥土搅拌桩用于处理泥炭土、有机质土、pH 值小于 4 的酸性土、塑性指数大于 25 的黏土，或在腐蚀性环境中以及无工程经验的地区使用时，必须通过现场和室内试验确定其适用性。

（3）用于建筑物地基处理的水泥土搅拌桩施工设备，其湿法施工配备注浆泵的额定压力不宜小于 5.0MPa；干法施工的最大送粉压力不应小于 0.5MPa。

1.2.2　质量要点

（1）水泥土搅拌桩施工应符合下列规定：

① 水泥土搅拌桩施工现场施工前应予以平整，清除地上和地下的障碍物。

② 水泥土搅拌桩施工前，应根据设计进行工艺性试桩，数量不得少于 3 根，多轴搅拌施工不得少于 3 组。应对工艺

试桩的质量进行检验，确定施工参数。

③ 搅拌头翼片的枚数、宽度、与搅拌轴的垂直夹角、搅拌头的回转数、提升速度应相互匹配。干法搅拌时钻头每转一圈的提升（或下沉）量宜为 10～15mm，确保加固深度范围内土体的任何一点均能经过 20 次以上的搅拌。

④ 搅拌桩施工时，停浆（灰）面应高于桩顶设计标高 500mm。在开挖基坑时，应将桩顶以上土层及桩顶施工质量较差的桩段，采用人工挖除。

⑤ 施工中，应保持搅拌桩机底盘的水平和导向架的竖直，搅拌桩的垂直度允许偏差和桩位偏差应满足《建筑地基处理技术规范》（JGJ 79）的有关规定；成桩直径和桩长不得小于设计值。

⑥ 在预（复）搅下沉时，也可采用喷浆（粉）的施工工艺，确保全桩长上下至少再重复搅拌一次。对地基土进行干法咬合加固时，如复搅困难，可采用慢速搅拌，保证搅拌的均匀性。

⑦ 水泥土搅拌湿法施工应符合下列规定：

A. 施工前，应确定灰浆泵输浆量、灰浆经输浆管到达搅拌机喷浆口的时间和起吊设备提升速度等施工参数，并应根据设计要求，通过工艺性成桩试验确定施工工艺；

B. 施工中所使用的水泥应过筛，制备好的浆液不得离析，泵送浆应连续进行。拌制水泥浆液的罐数、水泥和外掺剂用量以及泵送浆液的时间应记录；喷浆量及搅拌深度应采用经国家计量部门认证的监测仪器进行自动记录；

C. 搅拌机喷浆提升的速度和次数应符合施工工艺要求，并设专人进行记录；

D. 当水泥浆液到达出浆口后，应喷浆搅拌 30s，在水泥浆与桩端土充分搅拌后，再开始提升搅拌头；

E. 搅拌机预搅下沉时，不宜冲水，当遇到硬土层下沉太慢时，可适量冲水；

F. 施工过程中，如因故停浆，应将搅拌头下沉至停浆点以下 0.5m 处，待恢复供浆时，再将搅拌头提升；若停机超过 3h，宜先拆卸输浆管路，并妥加清洗；

G. 壁状加固时，相邻桩的施工时间间隔不宜超过 12h。

⑧ 水泥土搅拌干法施工应符合下列规定：

A. 喷粉施工前，应检查搅拌机械、供粉泵、送气（粉）管路、接头和阀门的密封性、可靠性，送气（粉）管路的长度不宜大于 60m；

B. 搅拌头每旋转一周，提升高度不得超过 15mm；

C. 搅拌头的直径应定期复核检查，其磨耗量不得大于 10mm；

D. 当搅拌头到达设计桩底以上 1.5m 时，应开启喷粉机提前进行喷粉作业；当搅拌头提升至地面下 500mm 时，喷粉机应停止喷粉；

E. 成桩过程中，因故停止喷粉，应将搅拌头下沉至停灰面以下 1m 处，待恢复喷粉时，再将搅拌头提升。

（2）水泥土搅拌桩干法施工机械必须配置经国家计量部门确认的具有能瞬时检测并记录出粉体计量装置及搅拌深度的自动记录仪。

1.2.3 质量验收

（1）水泥土搅拌桩复合地基质量检验标准应符合表 1-2 规定。

（2）水泥土搅拌桩复合地基质量检验应符合下列规定：

① 施工过程中应随时检查施工记录和计量记录。

9

表 1-2　水泥土搅拌桩复合地基质量检验标准

| 项目 | 序 | 检查项目 | 允许偏差或允许值 | | 检查方法 |
|---|---|---|---|---|---|
| | | | 单位 | 数值 | |
| 主控项目 | 1 | 水泥及外渗剂质量 | 设计要求 | | 查产品合格证书或抽样送检 |
| | 2 | 水泥用量 | 参数指标 | | 查看流量计 |
| | 3 | 桩体强度 | 设计要求 | | 按规定办法 |
| | 4 | 地基承载力 | 设计要求 | | 按规定办法 |
| 一般项目 | 1 | 机头提升速度 | m/min | ≤0.5 | 量机头上升距离及时间 |
| | 2 | 桩底标高 | mm | ±200 | 测机头深度 |
| | 3 | 桩顶标高 | mm | +100 −50 | 水准仪（最上部500mm不计入） |
| | 4 | 桩位偏差 | mm | <50 | 用钢尺量 |
| | 5 | 桩径 | | <0.04D | 用钢尺量，D为桩径 |
| | 6 | 垂直度 | % | <1.5 | 经纬仪 |
| | 7 | 搭接 | mm | >200 | 用钢尺量 |

② 水泥土搅拌桩的施工质量检验可采用下列方法：

A. 成桩 3 d 内，采用轻型动力触探（N10）检查上部桩身的均匀性，检验数量为施工总桩数的 1%，且不少于 3 根。

B. 成桩 7 d 后，采用浅部开挖桩头进行检查，开挖深度宜超过停浆（灰）面下 0.5m，检查搅拌的均匀性，量测成桩直径，检查数量不少于总桩数的 5%。

C. 静载荷试验宜在成桩 28 d 后进行。水泥土搅拌桩复合地基承载力检验应采用复合地基静载荷试验和单桩静载荷试验，验收检验数量不少于总桩数的 1%，复合地基静载荷试验数量不少于 3 台（多轴搅拌为 3 组）。

D. 对变形有严格要求的工程，应在成桩 28 d 后，采用双管单动取样器钻取芯样作水泥土抗压强度检验，检验数量为施工总桩数的 0.5%，且不少于 6 点。

（3）基槽开挖后，应检验桩位、桩数与桩顶、桩身质量，如不符合设计要求，应采取有效补强措施。

## 1.2.4 安全与环保措施

（1）水泥土搅拌桩作业应符合《建筑机械使用安全技术规程》（JGJ 33）及《施工现场临时用电安全技术规范》（JGJ 46）的有关规定，施工中应定期对其进行检查、维修，保证机械使用安全。

（2）施工前场地平整，清除障碍物时必须将弃土、弃渣等运至指定的弃土场内，并在工程完后对弃土场进行挡护、绿化处理。

（3）做好施工区域排水系统，使红线外原有排水系统保持通畅。

（4）严禁施工区域内泥浆、水泥浆、机械油污等未经处理排入附近生活区、商业区等区域而污染水源。

（5）严禁生活区域内的施工垃圾、生活垃圾任意倒放，必须将其运至专门弃土场或进行深埋处理。

（6）散装水泥罐进行美化全封闭围护，避免水泥粉尘四处飘洒，控制扬尘。

（7）严格执行有关规定，遵守环保公约、地方法规、法律及各种规范要求。

# 2 基　　础

## 2.1 灌注桩施工

2.1.1　施工要点

1.施工准备

（1）灌注桩施工应具备下列资料：

① 建筑场地岩土工程勘察报告。

② 桩基工程施工图及图纸会审纪要。

③ 建筑场地和邻近区域内的地下管线、地下构筑物、危房、精密仪器车间等的调查资料。

④ 主要施工机械及其配套设备的技术性能资料。

⑤ 桩基工程的施工组织设计。

⑥ 水泥、砂、石、钢筋等原材料及其制品的质检报告。

⑦ 有关荷载、施工工艺的试验参考资料。

（2）施工组织设计应结合工程特点，有针对性地制定相应质量管理措施，主要应包括下列内容：

① 施工平面图：标明桩位、编号、施工顺序、水电线路和临时设施的位置。

② 采用泥浆护壁成孔时，应标明泥浆制备设施及其循环系统。

③ 确定成孔机械、配套设备以及合理施工工艺的有关资料，泥浆护壁灌注桩必须有泥浆处理措施。

④ 施工作业计划和劳动力组织计划。

⑤ 机械设备、备件、工具、材料供应计划。

⑥ 桩基施工时，对安全、劳动保护、防火、防雨、防台风、爆破作业、文物和环境保护等方面应按有关规定执行。

⑦ 保证工程质量、安全生产和季节性施工的技术措施。

（3）施工前应组织图纸会审，会审纪要连同施工图等应作为施工依据，并应列入工程档案。

（4）桩基施工用的供水、供电、道路、排水、临时房屋等临时设施，必须在开工前准备就绪，施工场地应进行平整处理，保证施工机械正常作业。

（5）基桩轴线的控制点和水准点应设在不受施工影响的地方。开工前，经复核后应妥善保护，施工中应经常复测。

（6）用于施工质量检验的仪表、器具的性能指标，应符合现行国家相关标准的规定。

（7）对施工组织设计中制定的施工顺序、监测手段（包括仪器、方法）进行检查。

2. 施工机械的选择

（1）钻孔机具及工艺的选择，应根据桩型、钻孔深度、土层情况、泥浆排放及处理条件综合确定。

（2）成桩机械必须经鉴定合格，不得使用不合格机械。

（3）不同桩型的适用条件。

① 泥浆护壁钻孔灌注桩宜用于地下水位以下的黏性土、粉土、砂土、填土、碎石土及风化岩层。

② 旋挖成孔灌注桩宜用于黏性土、粉土、砂土、填土、碎石土及风化岩层。

③ 冲孔灌注桩除宜用于上述地质情况外，还能穿透旧基础、建筑垃圾填土或大孤石等障碍物。在岩溶发育地区应

慎重使用，采用时，应适当加密勘察钻孔。

④ 长螺旋钻孔压灌桩后插钢筋笼宜用于黏性土、粉土、砂土、填土、非密实的碎石类土、强风化岩。

⑤ 干作业钻、挖孔灌注桩宜用于地下水位以上的黏性土、粉土、填土、中等密实以上的砂土、风化岩层。

⑥ 在地下水位较高，有承压水的砂土层、滞水层、厚度较大的流塑状淤泥、淤泥质土层中不得选用人工挖孔灌注桩。

⑦ 沉管灌注桩宜用于黏性土、粉土和砂土；夯扩桩宜用于桩端持力层为埋深不超过 20m 的中低压缩性黏性土、粉土、砂土和碎石类土。

2.1.2 质量要点

（1）施工中应对成孔、清渣、放置钢筋笼、灌注混凝土等进行全过程检查，人工挖孔桩尚应复验孔底持力层土（岩）性。嵌岩桩必须有桩端持力层的岩性报告。

（2）成孔设备就位后，必须平整、稳固，确保在成孔过程中不发生倾斜和偏移。应在成孔钻具上设置控制深度的标尺，并应在施工中进行观测记录。

（3）成孔的控制深度。

① 摩擦型桩：摩擦桩应以设计桩长控制成孔深度；端承摩擦桩必须保证设计桩长及桩端进入持力层深度。当采用锤击沉管法成孔时，桩管入土深度控制应以标高为主，以贯入度控制为辅。

② 端承型桩：当采用钻（冲）挖掘成孔时，必须保证桩端进入持力层的设计深度；当采用锤击沉管法成孔时，沉管深度控制以贯入度为主，以设计持力层标高对照为辅。

（4）钢筋笼制作、安装。

① 分段制作的钢筋笼，其接头宜采用焊接或机械式接头（钢筋直径大于 20mm），并应遵守国家现行标准《钢筋机械连接通用技术规程》（JGJ/T 10）、《钢筋焊接及验收规程》（JGJ 18）和《混凝土结构工程施工质量验收规范》（GB 50204）的规定；

② 加劲箍宜设在主筋外侧，当因施工工艺有特殊要求时也可置于内侧。

③ 导管接头处外径应比钢筋笼的内径小 100mm 以上。

④ 搬运和吊装钢筋笼时，应防止变形，安放应对准孔位，避免碰撞孔壁和自由落下，就位后应立即固定。

（5）粗骨料可选用卵石或碎石，其骨料粒径不得大于钢筋间距最小净距的 1/3。

（6）检查成孔质量合格后应尽快灌注混凝土。直径大于 1m 或单桩混凝土量超过 25m³ 的桩，每根桩桩身混凝土应留有 1 组试件；直径不大于 1m 的桩或单桩混凝土量不超过 25m³ 的桩，每个灌注台班不得少于 1 组；每组试件应留 3 件。

（7）桩在施工前，宜进行试成孔。

（8）灌注桩施工现场所有设备、设施、安全装置、工具配件以及个人劳保用品必须经常检查，确保完好和使用安全。

（9）泥浆的制备和处理。

① 除能自行造浆的黏性土层外，均应制备泥浆。泥浆制备应选用高塑性黏土或膨润土。泥浆应根据施工机械、工艺及穿越土层情况进行配合比设计。

② 施工期间护筒内的泥浆面应高出地下水位 1.0m 以上，在受水位涨落影响时，泥浆面应高出最高水位 1.5m 以上。

③ 在清孔过程中，应不断置换泥浆，直至浇筑水下混

凝土。

④ 浇筑混凝土前，孔底 500mm 以内的泥浆相对密度应小于 1.25；含砂率不得大于 8%，黏度不得大于 28 s。

⑤ 在容易产生泥浆渗漏的土层中应采取维持孔壁稳定的措施。

⑥ 废弃的浆、渣应进行处理，不得污染环境。

### 2.1.3　质量验收

（1）桩位的放样允许偏差：群桩为 20mm；单排桩为 10mm。

（2）桩基工程的桩位验收，除设计有规定外，应按下述要求进行：

① 当桩顶设计标高与施工场地标高相同时，或桩基施工结束后，有可能对桩位进行检查时，桩基工程的验收应在施工结束后进行；

② 当桩顶设计标高低于施工场地标高，送桩后无法对桩位进行检查时，可对护筒位置做中间验收，待全部桩施工结束，承台或底板开挖到设计标高后，再做最终验收。

（3）灌注桩成孔施工的允许偏差应满足表 2-1 的要求，桩顶标高至少要比设计标高高出 0.5m，桩底清孔质量按不同的成桩工艺有不同的要求，应按本章的各节要求执行。

表 2-1　灌注桩成孔施工允许偏差

| 序号 | 成孔方法 | | 桩径偏差 | 垂直度允许偏差（%） | 桩位允许偏差（mm） | |
|---|---|---|---|---|---|---|
| | | | | | 1～3 根桩、单排桩基沿垂直中心线方向和群桩基础中的边桩 | 条形桩基沿中心线方向和群桩基础的中间桩 |
| 1 | 泥浆护壁钻孔桩 | $d \leqslant 1000$mm | ±50 | <1 | $D/6$ 且不大于 100 | $D/4$ 且不大于 150 |
| | | $d \geqslant 1000$mm | ±50 | | $100+0.01H$ | $150+0.01H$ |

| 序号 | 成孔方法 | | 桩径偏差 | 垂直度允许偏差（%） | 桩位允许偏差（mm） | |
|---|---|---|---|---|---|---|
| | | | | | 1～3 根桩、单排桩基沿垂直中心线方向和群桩基础中的边桩 | 条形桩基沿中心线方向和群桩基础的中间桩 |
| 2 | 套管成孔灌注桩 | $D\leqslant500mm$ | -20 | <1 | 70 | 150 |
| | | $D\geqslant500mm$ | | | 100 | 150 |
| 3 | 干成孔灌注桩 | | -20 | <1 | 70 | 150 |
| 4 | 人工挖孔桩 | 混凝土护壁 | +50 | <0.5 | 50 | 150 |
| | | 钢套管护壁 | +50 | <1 | 100 | 200 |

注：1. 桩径允许偏差的负值是指个别断面；

2. 采用复打、反插法施工的桩，其桩径允许偏差不受上表限制；

3. H 为施工现场地面标高与桩顶设计标高的距离；D 为设计桩径。

（4）工程桩应进行承载力检验。对于地基基础设计等级为甲级或地质条件复杂，成桩质量可靠性低的灌注桩，应采用静载荷试验的方法进行检验，检验桩数不应少于总数的 1%，且不应少于 3 根，当总桩数少于 50 根时，不应少于 2 根。

（5）桩身质量应进行检验。对设计等级为甲级或地质条件复杂，成检质量可靠性低的灌注桩，抽检数量不应少于总数的 30%，且不应少于 20 根；对地下水位以上且终孔后经过核验的灌注桩，检验数量不应少于总桩数的 10%，且不得少于 10 根；其他桩基工程的抽检数量不应少于总数的 20%，且不应少于 10 根。每个柱子承台下不得少于 1 根。

（6）对砂、石子、钢材、水泥等原材料的质量、检验项目、批量和检验方法，应符合国家现行标准的规定。

（7）除上述第（4）、（5）条规定的主控项目外，其他主控项目应全部检查；对于一般项目，混凝土灌注桩应全部检查。

（8）混凝土灌注桩的质量检验标准应符合表 2-2、表 2-3 的规定。

表 2-2　混凝土灌注桩钢筋笼质量检验标准　　（mm）

| 项目 | 序号 | 检查项目 | 允许偏差或允许值 | 检查方法 |
|------|------|----------|----------------|----------|
| 主控项目 | 1 | 主筋间距 | ±10 | 用钢尺量 |
| | 2 | 长度 | ±100 | 用钢尺量 |
| 一般项目 | 1 | 钢筋材质检验 | 设计要求 | 抽样送检 |
| | 2 | 箍筋间距 | ±20 | 用钢尺量 |
| | 3 | 直径 | ±10 | 用钢尺量 |

表 2-3　混凝土灌注桩质量检验标准

| 项目 | 序号 | 检查项目 | 允许偏差或允许值 | | 检查方法 |
|------|------|----------|------|------|----------|
| | | | 单位 | 数值 | |
| 主控项目 | 1 | 桩位 | 见表 2-1 | | 基坑开挖前量护筒，开挖后量桩中心 |
| | 2 | 孔深 | mm | +300 | 只深不浅，用重锤测，或测钻杆、套管长度，嵌岩桩应确保进入设计要求的嵌岩深度 |
| | 3 | 桩体质量检验 | 按基桩检测技术规范。如钻芯取样，大直径嵌岩桩应钻至桩尖下50cm | | 按基桩检测技术规范 |
| | 4 | 混凝土强度 | 设计要求 | | 试件报告或钻芯取样送检 |
| | 5 | 承载力 | 按基桩检测技术规范 | | 按基桩检测技术规范 |

18

| 项目 | 序号 | 检查项目 | 允许偏差或允许值 | | 检查方法 |
|---|---|---|---|---|---|
| | | | 单位 | 数值 | |
| 一般项目 | 1 | 垂直度 | 见表1-3 | | 测套管或钻杆，或用超声波探测，干施工时吊垂球 |
| | 2 | 桩径 | 见表2-1 | | 井径仪或超声波检测，干施工时用钢尺量，人工挖孔桩不包括内衬厚度 |
| | 3 | 泥浆相对密度（黏土或砂性土中） | 1.15～1.20 | | 用比重计测，清孔后再距孔底50cm处取样 |
| | 4 | 泥浆面标高（高于地下水位） | m | 0.5～1.0 | 目测 |
| | 5 | 沉渣厚度：端承桩 摩擦桩 | mm | ≤50 ≤150 | 用沉渣仪或重锤测量 |
| | 6 | 混凝土坍落度：水下灌注 干施工 | mm | 160～220 70～100 | 坍落度仪 |
| | 7 | 钢筋笼安装深度 | mm | ±50 | 用钢尺量 |
| | 8 | 混凝土充盈系数 | ＞1 | | 检查每根桩的实际灌注量 |
| | 9 | 桩顶标高 | mm | ＋30 －50 | 水准仪，需扣除桩顶浮浆层及劣质桩体 |

## 2.1.4 安全与环保措施

### 1. 安全生产管理制度

遵守国家及地方关于安全生产的规定，为保证施工现场安全作业，避免发生安全事故，应制定以下管理制度：

（1）安全生产负责制：应逐级建立安全管理责任制度，分工明确、责任到人。

（2）建立安全教育制度：对所有进场的职工、民工进行入场安全教育，针对不同工种分别进行安全操作规程教育，建立安全教育卡片。

（3）坚持安全交底制度：技术人员在编制混凝土灌注桩施工方案、技术措施时，同时编制详细的、有针对性的安全措施，并向操作人员进行书面交底。

（4）安全预防制度：在制订混凝土灌注桩施工方案和下达施工计划时，同时制定和下达施工安全技术措施。对机具设备经常进行保养和定期维修，消除一切安全隐患。施工现场应设置安全标志。

（5）坚持安全检查制度：定期进行安全大检查，专职安全员每天进行检查。对检查出的问题做好文字记录，落实到人限期整改，对危及人身安全的隐患立即整改，整改完毕后由安全员进行验证。

（6）安全事故处理制度：现场发生任何安全事故，都本着"三不放过"的原则进行处理，查明事故原因、事故责任者。制定整改及预防措施，避免以后再次发生类似事故。重大事故发生后及时向上级部门及地方有关部门汇报，积极配合并接受有关部门的调查和处理。

2. 一般规定

（1）进入现场人员一律佩戴安全帽，不准穿拖鞋、高跟鞋，不得赤脚作业，高空作业人员佩带并系好安全带，穿防滑鞋，施工时严禁嬉戏、打闹。

（2）严禁酒后作业，进入施工现场人员一律佩戴工作证，特种作业人员应持证上岗。

（3）钻机就位前应对各项准备工作进行检查，包括设备的检查和维修；钻机安装就位后，底座和顶端应平稳，不得产生位移或沉陷。

（4）夜间施工要办理夜间施工许可证。施工时应保证有足够的照明设施，能满足夜间施工的需要，并配备备用电源。

（5）施工区域设置固定围护，现场要设置交通标志、安全标牌、警戒灯等安全标志，保证施工机械和施工人员的安全。

（6）所有机械的操作运转，必须严格遵守相应的安全技术操作规程。

（7）各施工班组现场应设防火负责人，负责本班所在区域的防火工作，并要经常检查、督促本班组人员做好防火工作。

（8）钢筋进场的吊装，钢筋的切断、调直、焊接，钢筋笼的吊装、起运、安装必须严格执行机械安全操作规程，机械手及配合人员必须是经过安全培训的。

3. 施工用电安全

（1）所有钻机上的电力线路和用电设备由持证电工安装。由专职电工负责日常检查和维修保养，禁止其他人员私自乱接、乱拉电线。

（2）现场施工用电线路一律采用绝缘导线。使用时提前认真检查确保电缆无裸露现象。地上线路架空设置，以绝缘固定，避免钻机移位时碰到线路导致影响桩体质量。

（3）电动机械设备使用前按规定进行检查、试运转，作业完拉闸断电锁好电闸箱，防止发生意外事故。

（4）电箱应安装位置适合，安装牢固，进出线整齐，拉线牢固，熔丝不得用金属代替，箱内不得放其他物品，配电箱、电缆线接头、电焊机等必须有防雨措施，认真检查施工现场照明和动力线有无混接、漏电现象，检查电气设备的接零、接地保护措施是否牢靠，漏电保护装置是否灵敏，电线绝缘接地是否良好，防止水浸受潮造成漏电或设备事故。

4. 环保措施

（1）施工前场地平整，清除障碍物时必须将弃土、弃渣等运至指定的弃土场内，并在工程完后对弃土场进行挡护、绿化处理。

（2）做好混凝土灌注桩施工区域排水系统，使红线外原有排水系统保持通畅。

（3）施工所产生的废渣和废弃泥浆及时送到指定的位置。未经处理的泥浆、水泥浆、机械油污等，严禁直接排入城市排水设施和河流。所有排水均要求达到国家排放标准。办公区、施工区、生活区应合理设置排水明沟、排水管，道路及场地适当放坡，做到污水不外流，场内无积水。

（4）严禁生活区域内的施工垃圾、生活垃圾任意倒放，必须将其运至专门弃土场或进行深埋处理。清理施工垃圾时使用容器吊运，严禁随意凌空抛撒造成扬尘。施工垃圾及时清运，清运时适量洒水减少扬尘。

（5）搅拌站应设封闭的搅拌棚，在搅拌机上设置喷淋装置。水泥桶进行美化全封闭围护，避免水泥粉尘四处飘洒，控制扬尘。

（6）在搅拌机前及运输车清洗处设置沉淀池。排放的废水先排入沉淀地，经二次沉淀后，方可排入城市排水管网或回收用于洒水降尘。

（7）作业时尽量控制噪声影响，对噪声过大的设备尽可能不用或少用。在施工中采取防护等措施，把噪声降低到最低限度。

（8）对强噪声机械（如搅拌机、电锯、电刨、砂轮机等）设置封闭的操作棚，以减少噪声的扩散。

（9）在施工现场倡导文明施工，尽量减少人为的大声喧哗，不使用高音喇叭或怪音喇叭，增强全体施工人员防噪声扰民的自觉意识。

（10）尽量避免夜间施工，确有必要时及时向有关部门办理夜间施工许可证，并向周边居民告示。

# 3 基坑支护

## 3.1 排桩墙支护工程施工

### 3.1.1 施工要点

（1）排桩的施工应符合现行行业标准《建筑桩基技术规范》（JGJ 94）对相应桩型的有关规定。

（2）当排桩桩位邻近的既有建筑物、地下管线、地下构筑物对地基变形敏感时，应根据其位置、类型、材料特性、使用状况等相应采取下列控制地基变形的防护措施：

① 宜采取隔成桩的施工顺序；对于混凝土灌注桩，应在混凝土终凝后，再进行相邻桩的成孔施工；

② 对于松散或稍密的砂土、稍密的粉土、软土等易坍塌或流动的软弱土层，对钻孔灌注桩宜采取改善泥浆性能等措施，对人工挖孔桩宜采取减小每节挖孔和护壁的长度、加固孔壁等措；

③ 支护桩成孔过程出现流砂、涌泥、塌孔、缩径等异常情况时，应暂停成孔并及时采取有针对性的措施进行处理，防止继续塌孔。

④ 当成孔过程中遇到不明障碍物时，应查明其性质，且在不会危害既有建筑物、地下管线、地下构筑物的情况下方可继续施工。

（3）对于混凝土灌注桩，其纵向受力钢筋的接头不宜设置在内力较大处。同一连接区段内，纵向受力钢筋的连接方式和连接接头面积百分率应符合现行国家标准《混凝土结构设计规范》(GB 50010)对梁类构件的规定。

（4）混凝土灌注桩采用沿纵向分段配置不同钢筋数量时，钢筋笼制作和安放时应采取控制非通长钢筋竖向定位的措施。

（5）混凝土灌注桩采用沿桩截面周边非均匀配置纵向受力钢筋时，应按设计的钢筋配置方向进行安放，其偏转角度不得大于10°。

（6）混凝土灌注桩设有预埋件时，应根据预埋件的用途和受力特点的要求，控制其安装位置及方向。

（7）钻孔咬合桩施工可采用液压钢套管全长护壁、机械冲抓成孔工艺，其施工应符合下列要求：

① 桩顶应设置导墙，导墙宽度宜取3～4m，导墙厚度宜取0.3～0.5m。

② 咬合桩应按先施工素混凝土桩、后施工钢筋混凝土桩的顺序进行；钢筋混凝土桩应在素混凝土桩初凝前通过在成孔时切割部分素混凝土桩身形成与素混凝土桩的互相咬合搭接；钢筋混凝土桩的施工还应避免素混凝土桩刚浇筑后被切割。

③ 钻机就位及吊设第一节套管时，应采用两个测斜仪贴附在套管外壁并用经纬仪复核套管垂直度，其垂直度允许偏差应为3‰。液压套管应正反扭动加压下切。管内抓斗取土时，套管底部应始终位于抓土面下方，抓土面与套管底的距离应大于1.0m。

④ 孔内虚土和沉渣应清除干净，并用抓斗夯实孔底；灌注混凝土时，套管应随混凝土浇筑逐段提拔；套管应垂直

提拔；阻力过大时应转动套管同时缓慢提拔。

3.1.2　质量要点

（1）除特殊要求外，排柱的施工偏差应符合下列规定：

① 桩位的允许偏差应为 50mm；

② 桩垂直度的允许偏差应为 0.5%；

③ 预埋件位置的允许偏差应为 20mm；

④ 桩的其他施工允许偏差应符合现行行业标准《建筑桩基技术规范》（JGJ 94）的规定。

（2）冠梁施工时，应将桩顶部浮浆、低强度混凝土及破碎部分清除。冠梁混凝土浇筑采用土模时，土面应修理整平。

（3）采用混凝土灌注桩时，其质量检测应符合下列规定：

① 应采用低应变动测法检测桩身完整性，检测桩数不宜少于总桩数的 20%，且不得少于 5 根。

② 当根据低应变动测法判定的桩身完整性为Ⅲ类或Ⅳ类时，应采用钻芯法进行验证，并应扩大低应变动测法检测的数量。

3.1.3　质量验收

（1）混凝土灌注桩的质量检验标准应符合表 2-2、表 2-3 的规定。

（2）钢板桩均为工厂成品，新桩可按出厂标准检验，重复使用的钢板桩应符合表 3-1 的规定，混凝土板桩应符合表 3-2 的规定。

表 3-1　重复使用的钢板桩检验标准

| 序号 | 检查项目 | 允许偏差或允许值 | | 检查方法 |
| | | 单位 | 数值 | |
| --- | --- | --- | --- | --- |
| 1 | 桩垂直度 | % | <1 | 用钢尺量 |
| 2 | 桩身弯曲度 | | <2%L | 用钢尺量，L 为桩长 |

| 序号 | 检查项目 | 允许偏差或允许值 | | 检查方法 |
|------|---------|------|------|---------|
| | | 单位 | 数值 | |
| 3 | 齿槽平直度及光滑度 | 无电焊渣或毛刺 | | 用1m长的桩段做通过试验 |
| 4 | 桩长度 | 不小于设计长度 | | 用钢尺量 |

**表 3-2　混凝土板桩制作标准**

| 项目 | 序号 | 检查项目 | 允许偏差或允许值 | | 检查方法 |
|------|------|---------|------|------|---------|
| | | | 单位 | 数值 | |
| 主控项目 | 1 | 桩长度 | mm | +10, 0 | 用钢尺量 |
| | 2 | 桩身弯曲度 | | <0.1%L | 用钢尺量，L为桩长 |
| 一般项目 | 1 | 保护层厚度 | mm | ±5 | 用钢尺量 |
| | 2 | 模截面相对两面之差 | mm | 5 | 用钢尺量 |
| | 3 | 桩尖对桩轴线的位移 | mm | 10 | 用钢尺量 |
| | 4 | 桩厚度 | mm | +10, 0 | 用钢尺量 |
| | 5 | 凹凸槽尺寸 | mm | ±3 | 用钢尺量 |

### 3.1.4　安全与环保措施

（1）深基坑支护上部应设安全护栏和危险标志。夜间应设置红灯标志。

（2）挡土灌筑桩、预制桩与拉杆、土层锚杆结合的支护，必须逐层及时设置拉杆、土层锚杆，以保证支护的稳定，不得在基坑全部挖完后再设置。

（3）支护的设置遵循由上到下的程序，支护的拆除应遵循由下而上的程序，以防基坑失稳塌方。

（4）施工场地坡度小于 0.01。地基承载力大于 85kPa。

（5）桩机周围 5m 范围内应无高压线路。桩机起吊时，吊物上必须拴溜绳。人员不得处于桩机作业范围内。桩机吊有吊物情况下，操作人员不得离机。桩机不得超负荷进行作业。

（6）钢丝绳的使用及报废标准应按有关规定执行。

（7）遇恶劣天气时应停止作业。必要时应将桩机卧放地面。

（8）施工现场电器设备必须保护接零，安装漏电开关。

（9）当排桩墙施工所造成的地层挤密、污染对周边建筑物有不利影响时，应制定可行、有效的施工措施后，才可进行施工。

（10）施工中应认真监测基坑周围相邻建筑物的水平位移及地面沉降，发现问题及时采取措施。

（11）严格控制噪声，减少环境污染。

（12）施工废水、废浆应排入沉淀池中，不得随意排放，钻出的泥土应及时运走，保持场地清洁。

## 3.2　工法桩施工

### 3.2.1　施工要点

（1）水泥土搅拌桩施工时桩机就位应对中，平面允许偏差应为±20mm，立柱导向架的垂直度不应大于1/250。

（2）搅拌下沉速度宜控制为 0.5～1m/min，提升速度宜控制为 1～2m/min，并保持匀速下沉或提升。提升时不应在孔内产生负压造成周边土体的过大扰动，搅拌次数和搅拌时间应能保证水泥土搅拌桩的成桩质量。

（3）对于硬质土层，当成桩有困难时，可采用预先松动土层的先行钻孔套打方式施工。

（4）浆液泵送量应与搅拌下沉或提升速度相匹配，保证搅拌桩中水泥掺量的均匀性。

（5）搅拌机头在正常情况下应上下各一次对土体进行喷浆搅拌，对含砂量大的土层，宜在搅拌桩底部 2～3m 范围内上下重复喷浆搅拌一次。

（6）水泥浆液应按设计配比和拌浆机操作规定拌制，并应通过滤网倒入具有搅拌装置的贮浆桶或贮浆池，采取防止浆液离析的措施。在水泥浆液的配比中可根据实际情况加入相应的外加剂，各种外加剂的用量均宜通过配比试验及成桩试验确定。

（7）三轴水泥土搅拌桩施工过程中，应严格控制水泥用量，宜采用流量计进行计量。因搁置时间过长产生初凝的浆液，应作为废浆处理，严禁使用。

（8）施工时如因故停浆，应在恢复喷浆前，将搅拌机头提升或下沉 0.5m 后再喷浆搅拌施工。

（9）水泥土搅拌桩搭接施工的间隔时间不宜大于 24h，当超过 24h 时，搭接施工时应放慢搅拌速度。若无法搭接或搭接不良，应作为冷缝记录在案，并应经设计单位认可后，在搭接处采取补救措施。

（10）采用三轴水泥土搅拌桩进行土体加固时，在加固深度范围以上的土层被扰动区应采用低掺量水泥回掺加固。

（11）若长时间停止施工，应对压浆管道及设备进行清洗。

（12）搅拌机头的直径不应小于搅拌桩的设计直径。水泥土搅拌桩施工过程中，搅拌机头磨损量不应大于 10mm。

（13）搅拌桩施工时可采用在螺旋叶片上开孔、添加外加剂或其他辅助措施，以避免黏土附着在钻头叶片上。

（14）型钢宜在搅拌桩施工结束后 30min 内插入，插入前应检查其平整度和接头焊缝质量。

（15）型钢的插入必须采用牢固的定位导向架，在插入过程中应采取措施保证型钢垂直度。型钢插入到位后应应用悬挂构件控制型钢顶标高，并与已插好的型钢牢固连接。

（16）型钢宜依靠自重插入，当型钢插入有困难时可采用辅助措施下沉。严禁采用多次重复起吊型钢并松钩下落的插入方法。

（17）拟拔出回收的型钢，插入前应先在干燥条件下除锈，再在其表面涂刷减摩材料。完成涂刷后的型钢，在搬运过程中应防止碰撞和强力擦挤。减摩材料如有脱落、开裂等现象应及时修补。

（18）型钢拔除前水泥土搅拌墙与主体结构地下室外墙之间的空隙必须回填密实。在拆除支撑和腰梁时应将残留在型钢表面的腰梁限位或支撑抗剪构件、电焊疤等清除干净。型钢起拔宜采用专用液压起拔机。

### 3.2.2 质量要点

（1）型钢水泥土搅拌墙的质量检查与验收应分为施工期间过程控制、成墙质量验收和基坑开挖期检查三个阶段。

（2）型钢水泥土搅拌墙施工期间过程控制的内容应包括：验证施工机械性能，材料质量，检查搅拌桩和型钢的定位、长度、标高、垂直度，搅拌桩的水胶比、水泥掺量，搅拌下沉与提升速度，浆液的泵压、泵送量与喷浆均匀度，水泥土试样的制作，外加剂掺量，搅拌桩施工间歇时间及型钢的规格，拼接焊缝质量等。

（3）在型钢水泥土搅拌墙的成墙质量验收时，主要应检查搅拌桩体的强度和搭接状况、型钢的位置偏差等。

（4）基坑开挖期间应检查开挖面墙体的质量，腰梁和型钢的密贴状况以及渗漏水情况等。

（5）采用型钢水泥土搅拌墙作为支护结构的基坑工程，其支撑（或锚杆）系统、土方开挖等分项工程的质量验收应按现行国家标准《建筑地基工程施工质量验收标准》（GB 50202）和行业标准《建筑基坑支护技术规程》（JGJ 120）等有关规定执行。

（6）浆液拌制选用的水泥、外加剂等原材料的检验项目及技术指标应符合设计要求和国家现行有关标准的规定。

检查数量：按批检查。

检验方法：查产品合格证及复试报告。

（7）浆液水胶比、水泥掺量应符合设计和施工工艺要求，浆液不得离析。

检查数量：按台班检查，每台班不应少于 3 次。

检验方法：浆液水胶比应用相对密度计抽查；水泥掺量应用计量装置检查。

（8）焊接 H 型钢焊缝质量应符合设计要求和现行国家标准《焊接 H 型钢》（GB/T 33814）的有关规定。H 型钢的允许偏差应符合表 3-3 的规定。

表 3-3　H 型钢允许偏差

| 序号 | 检查项目 | 允许偏差 | 检查数量 | 检查方法 |
|------|----------|----------|----------|----------|
| 1 | 截面高度 | ±5.0 | 每根 | 用钢尺量 |
| 2 | 截面宽度 | ±3.0 | 每根 | 用钢尺量 |
| 3 | 腹板厚度 | −1.0 | 每根 | 用游标卡尺量 |
| 4 | 翼缘板厚度 | −1.0 | 每根 | 用游标卡尺量 |
| 5 | 型钢长度 | ±50 | 每根 | 用钢尺量 |
| 6 | 型钢挠度 | $L/500$ | 每根 | 用钢尺量 |

注：表中 $L$ 为型钢长度。

（9）水泥土搅拌桩施工前，当缺少类似土性的水泥土强度数据或需通过调节水泥用量、水胶比以及外加剂的种类和数量以满足水泥土强度设计要求时，应进行水泥土强度室内配比试验，测定水泥土 28 d 无侧限抗压强度。试验用的土样，应取自水泥土搅拌桩所在深度范围内的土层。当土层分层特征明显、土性差异较大时，宜分别配置水泥土试样。

（10）基坑开挖前应检验水泥土搅拌桩的桩身强度，强度指标应符合设计要求。水泥土搅拌桩的桩身强度宜采用浆液试块强度试验确定，也可以采用钻取桩芯强度试验确定。桩身强度检测方法应符合下列规定：

① 浆液试块强度试验应取刚搅拌完成而未凝固的水泥土搅拌桩浆液制作试块，每台班应抽检 1 根桩，每根桩不应少于 2 个取样点，每个取样点应制作 3 件试块。取样点应设置在基坑坑底以上 1m 范围内和坑底以上最软弱土层处的搅拌桩内。试块应及时密封水下养护 28 d 后进行无侧限抗压强度试验。

② 钻取桩芯强度试验应采用地质钻机并选择可靠的取芯钻具，钻取搅拌桩施工后 28 d 龄期的水泥土芯样，钻取的芯样应立即密封并及时进行无侧限抗压强度试验。抽检数量不应少于总桩数的 2%，且不得少于 3 根，每根桩的取芯数量不宜少于 5 组，每组不宜少于 3 件试块。芯样应在全桩长范围内连续钻取的桩芯上选取，取样点应取沿桩长不同深度和不同土层处的 5 点，且在基坑坑底附近应设取样点。钻取桩芯得到的试块强度，宜根据钻取桩芯过程中芯样的情况，乘以 1.2～1.3 的系数。钻孔取芯完成后的空隙应注浆填充。

③ 当能够建立静力触探、标准贯入或动力触探等原位

测试结果与浆液试块强度试验或钻取桩芯强度试验结果的对应关系时，也可采用原位试验检验桩身强度。

3.2.3 质量验收

（1）水泥土搅拌桩成桩质量检验标准检验应符合表3-4的规定。

表3-4 水泥土搅拌桩成桩质量检验标准

| 序号 | 检查项目 | 允许偏差 | 检查数量 | 检查方法 |
|------|---------|---------|---------|---------|
| 1 | 桩底标高 | +50mm | 每根 | 测钻杆长度 |
| 2 | 桩位偏差 | 50mm | 每根 | 用钢尺量 |
| 3 | 桩径 | ±10mm | 每根 | 用钢尺量钻头 |
| 4 | 施工间歇 | <24h | 每根 | 查施工记录 |

（2）型钢插入允许偏差应符合表3-5的规定。

表3-5 型钢插入允许偏差

| 序号 | 检查项目 | 允许偏差 | 检查数量 | 检查方法 |
|------|---------|---------|---------|---------|
| 1 | 型钢顶标高 | ±50mm | 每根 | 水准仪测量 |
| 2 | 型钢平面位置 | 50mm（平行于基坑边线） | 每根 | 用钢尺量 |
| | | 50mm（垂直于基坑边线） | 每根 | 用钢尺量 |
| 3 | 形心转角 | 3° | 每根 | 量角器测量 |

（3）型钢水泥土搅拌墙验收的抽检数量不宜少于总桩数的5%。

3.2.4 安全与环保措施

（1）型钢水泥土搅拌墙施工前，应掌握下列周边环境资料：

① 邻近建筑物（构筑物）的结构、基础形式及现状；

② 被保护建筑物（构筑物）的保护要求；

33

③ 邻近管线的位置、类型、材质、使用状况及保护要求。

（2）对环境保护要求高的基坑工程，宜选择挤土量小的搅拌机头，并应通过试成桩及其监测结果调整施工参数。当邻近保护对象时，搅拌下沉速度宜控制为 0.5～0.8m/min，提升速度宜控制为 1m/min 内；喷浆压力不宜大于0.8MPa。

（3）施工中产生的水泥土浆，可集积在导向沟内或现场临时设置的沟槽内，待自然固结后方可外运。

（4）周边环境条件复杂、支护要求高的基坑工程，型钢不宜回收。

（5）对需要回收型钢的工程，型钢拔出后留下的空隙应及时注浆填充，并应编制包括浆液配比、注浆工艺、拔除顺序等内容的专项方案。

（6）在整个施工过程中，应对周边环境及基坑支护体系进行监测。

## 3.3 TRD 工法施工

### 3.3.1 施工要点

（1）主机应平稳、平正，机架垂直度允许偏差为 1/250。

（2）渠式切割水泥土连续墙的施工方法可采用一步施工法、两步施工法和三步施工法，施工方法的选用应综合考虑土质条件、墙体性能、墙体深度和环境保护要求等因素。当切割土层较硬、墙体深度深、墙体防渗要求高时宜采用三步施工法。施工长度较长、环境保护要求较高时不宜采用两步施工法；当土体强度低、墙体深度浅时可采用一步施工法。

（3）开放长度应根据周边环境、水文地质条件、地面超载、成墙深度及宽度、切割液及固化液的性能等因素，通过试成墙确定，必要时进行槽壁稳定分析。

（4）应根据周边环境、土质条件、机具功率、成墙深度、切割液及固化液供应状况等因素确定渠式切割机械的水平推进速度和链状刀具的旋转速度，步进距离不宜大于50mm。

（5）采用一步施工法、三步施工法，型钢插入过程沟槽应预留链状刀具养护的空间，养护段不得注入固化液，长度不宜小于3m，链状刀具端部和原状土体边缘的距离不应小于500mm。

（6）施工过程中应检查链状刀具的工作状态以及刀头的磨损度，及时维修、更换和调整施工工艺。

（7）无法连续作业时，链状刀具应按上述第（5）条的要求在沟槽养护段养护。长时间养护时应在切割液中添加外加剂或采取其他技术措施，防止刀具无法再次启动。

（8）停机后再次启动链状刀具时，应符合下列规定：

① 首先应在原位切割刀具边缘的土体；

② 回行切割，回行切割已施工的墙体长度不宜小于500mm。

（9）在硬质土层中切割困难时，可采用增加刀头布置数量、刀头加长、步进距离减小、上挖和下挖方式交错使用以及回行反复切割等措施。

（10）一条直线边施工完成或者施工段发生变化时，应将链状刀具拔出。拔出位置（图3-1）的确定应符合下列规定：

① 宜在已施工完成墙体3m长度范围外进行避让切割；

② 当不需要插入型钢时，拔出位置可设在最后施工完成的墙体内。

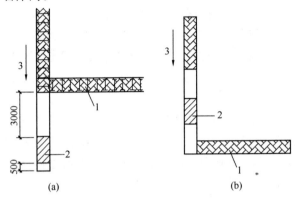

图 3-1　链状刀具的拔出位置

（a）墙体外拔出；（b）墙体内拔出

1—已完成墙体；2—链状刀具拔出的位置；3—施工方向

（11）链状刀具拔出前，应评估链状刀具拔出过程渠式切割机履带荷载对槽壁稳定的不利影响，必要时应对履带下方的土体采取改良处理措施。

（12）链状刀具拔出过程中，应控制固化液的填充速度和链状刀具的上拔速度，保持固化液混合泥浆液面平稳，避免液面下降或泥浆溢出。

（13）链状刀具拔出后应作进一步拆分和检查，损耗部位应保养和维修。

（14）施工中产生的涌土应及时清理。需长时间停止施工时，应清洗全部管路中残存的水泥浆液。

（15）渠式切割型钢水泥土连续墙中内插型钢的加工制作应符合下列规定：

① 型钢宜采用整材，分段焊接时应采用坡口等强焊接。

对接焊缝的坡口形式和要求应符合现行国家标准《钢结构焊接规范》（GB 50661）的有关规定，且焊缝质量等级不应低于二级。单根型钢中焊接接头不宜超过 2 个，焊接接头的位置应避免设置在支撑位置或开挖面附近等型钢受力较大处，型钢接头距离坑底面不宜小于 2m；相邻型钢的接头竖向位置宜相互错开，错开距离不宜小于 1m。

② 型钢有回收要求时，接头焊接形式与焊接质量尚应满足型钢起拔要求。

（16）拟回收的型钢，插入前应在干燥条件下清除表面污垢和铁锈，其表面应涂敷减摩材料。型钢搬运过程中应防止碰撞和强力擦挤，当有涂层开裂、剥落等现象应及时补救。

（17）型钢插入时，链状刀具应移至对型钢插入无影响的位置。型钢宜在水泥土墙施工结束后 30min 内插入，插入前应检查其垂直度和接头焊缝质量。

（18）型钢插入应采用定位导向架；型钢插入到位后应控制型钢顶标高，并采取避免邻近渠式切割机施工造成其移位的措施。

（19）型钢宜依靠自重插入，当插入困难时可采用辅助措施下沉。采用振动锤下沉工艺时，应充分考虑其对周围环境的影响。

（20）型钢起拔宜采用专用液压起拔机。型钢拔除时，应加强对围护结构和周边环境的监测。

（21）型钢回收后，应进行校正、修复处理，并对其截面尺寸和强度进行复核。

### 3.3.2 质量要点

（1）渠式切割水泥土连续墙的质量检验应分为成墙期监

控、成墙检验和基坑开挖期检查三个阶段。

（2）成墙期监控应包括下列内容：

① 检验施工机械性能、材料质量；

② 检查渠式切割水泥土连续墙和型钢的定位、长度、标高、垂直度；

③ 切割液的配合比；

④ 固化液的水胶比、水泥掺量、外加剂掺量；

⑤ 混合泥浆的流动性和泌水率；

⑥ 开放长度、浆液的泵压、泵送量与喷浆均匀度；

⑦ 水泥土试块的制作与测试；

⑧ 施工间歇时间及型钢的规格、拼接焊缝质量等。

（3）成墙检验应包括下列内容：

① 水泥土的强度、连续性、均匀性、抗渗性能和水泥含量；

② 型钢的位置偏差；

③ 帷幕的封闭性等；

（4）基坑开挖期检查应包括下列内容：

① 检查开挖墙体的质量与渗漏水情况；

② 墙面的平整度，型钢的垂直度和平面偏差；

③ 腰梁和型钢的贴紧状况等。

（5）渠式切割水泥土连续墙基坑工程中的支撑系统、土方开挖等分项工程的质量验收，应符合国家现行标准《建筑地基工程施工质量验收标准》（GB 50202）和《建筑基坑支护技术规程》（JGJ 120）等的有关规定。

（6）水泥、外加剂等原材料的检验项目和技术指标应符合设计要求和国家现行标准的规定。

检查数量：按检验批检查。

检验方法：查产品合格证及复试报告。

（7）浆液水胶比、水泥掺量应符合设计和施工工艺要求，浆液不得离析。

检查数量：按台班检查，每台班不得少于 3 次。

检验方法：浆液水胶比用比重计检查，水泥掺量用计量装置检查。

（8）H 型钢规格应符合设计要求，检验方法与允许偏差应符合表 3-3 的规定。焊缝质量应符合设计要求和国家现行标准《焊接 H 型钢》（GB/T 33814）和《钢结构焊接规范》（GB 50661）的规定。

检查数量：全数检查。

检验方法：焊缝质量采用现场观察及超声波探伤。

（9）基坑开挖前应检验墙身水泥土的强度和抗渗性能，强度和抗渗性能指标应符合下列规定：

① 墙身水泥土强度应采用试块试验确定。试验数量及方法：按一个独立延米墙身长度取样，用刚切割搅拌完成尚未凝固的水泥土制作试块。每台班抽查 1 延米墙身，每延米墙身制作水泥土试块 3 组，可根据土层分布和墙体所在位置的重要性在墙身不同深度处的三点取样，采用水下养护测定 28 d 无侧限抗压强度。

② 需要时可采用钻孔取芯等方法综合判定墙身水泥土的强度。钻取芯样后留下的空隙应注浆填充。

③ 墙体渗透性能应通过浆液试块或现场取芯试块的渗透试验判定。

3.3.3　质量验收

（1）渠式切割水泥土连续墙成墙质量检验标准应符合表 3-6 的规定。

表 3-6　渠式切割水泥土连续墙成墙质量标准

| 序号 | 检查项目 | 允许偏差或允许值 | 检查数量 | 检查方法 |
|---|---|---|---|---|
| 1 | 墙底标高 | ＋30mm | 每切割幅 | 切割链长度 |
| 2 | 墙中心线位置 | ±25mm | 每切割幅 | 用钢尺量 |
| 3 | 墙宽 | ±30mm | 每切割幅 | 用钢尺量 |
| 4 | 墙垂直度 | 1/250 | 每切割幅 | 多段式倾斜仪测量 |

（2）型钢插入允许偏差应符合表 3-7 的规定。

表 3-7　型钢插入允许偏差

| 序号 | 检查项目 | 允许偏差或允许值 | 检查数量 | 检查方法 |
|---|---|---|---|---|
| 1 | 型钢顶标高 | ±50mm | 每根 | 水准仪测量 |
| 2 | 型钢平面位置 | 50mm（平行于基坑边线） | 每根 | 用钢尺量 |
| | | 10mm（垂直于基坑边线） | 每根 | 用钢尺量 |
| 3 | 型钢垂直度 | 1/250 | 每根 | 经纬仪测量 |
| 4 | 形心转角 | 3° | 每根 | 量角器测量 |

### 3.3.4　安全与环保措施

（1）当施工点位周围有需重点保护的对象时，应掌握被保护对象的保护要求，采取对环境影响较小的施工机械、施工工艺，并结合监测结果通过试成墙调整施工参数。

（2）邻近保护对象时，应严格控制渠式切割机的施工速度，尽量减小成墙过程对环境的影响。注浆压力不宜超过 0.8MPa。

（3）施工过程产生的水泥土浆，应收集在导向沟内或现场临时设置的沟槽内，待自然固结后方可外运。

（4）对于周边环境条件复杂、支护要求高的基坑工程，型钢不宜回收。

（5）在整个施工过程中，应对周边环境和支护体系进行全过程监测。

# 3.4 地下连续墙施工

## 3.4.1 施工要点

(1) 地下连续墙的施工应根据地质条件的适应性等因素选择成槽设备。成槽施工前应进行成槽试验，并应通过试验确定施工工艺及施工参数。

(2) 当地下连续墙邻近的既有建筑物、地下管线、地下构筑物对地基变形敏感时，地下连续墙的施工应采取有效措施控制槽壁变形。

(3) 成槽施工前，应沿地下连续墙两侧设置导墙，导墙宜采用混凝土结构，且混凝土的设计强度等级不宜低于C20。导墙底面不宜设置在新近填土上，且埋深不宜小于1.5m。导墙的强度和稳定性应满足成槽设备和顶拔接头管施工的要求。

(4) 成槽时的护壁泥浆在使用前，应根据泥浆材料及地质条件试配及进行室内性能试验，泥浆配比应按试验确定。泥浆拌制后应贮放24h，待泥浆材料充分水化后方可使用。成槽时，泥浆的供应及处理设备应满足泥浆使用量的要求，泥浆的性能应符合相关技术指标的要求。

(5) 单元槽段宜采用间隔一个或多个槽段的跳幅施工顺序。每个单元槽段，挖槽分段不宜超过3个。成槽过程护壁泥浆液面应高于导墙底面500mm。

(6) 槽段接头应满足混凝土浇筑压力对其强度和刚度的要求。安放槽段接头时，应紧贴槽段垂直缓慢放至槽底。遇到阻碍时应先清除，然后再入槽。混凝土浇灌过程中采取防止混凝土产生绕流的措施。

（7）对有防渗要求的接头，应在吊放地下连续墙钢筋笼前，对槽段接头和相邻槽段的槽壁混凝土面用刷槽器等方法进行清刷，清刷后的槽段接头和混凝土面不得夹泥。

（8）钢筋笼制作时，纵向受力钢筋的接头不宜设置在受力较大处。同一连接区段内，纵向受力钢筋的连接方式和连接接头面积百分率应符合国家现行有关标准对板类构件的规定。

（9）钢筋笼应设置定位层垫块，垫块在垂直方向上的间距宜取 3~5m，水平方向上每层宜设置 2~3 块。

（10）单元槽段的钢筋笼宜整体装配和沉放。需要分段装配时，宜采用焊接或机械连接，接头的位置宜选在受力较小处，并应符合现行国家标准《混凝土结构设计规范》（GB 50010）对钢筋连接的有关规定。

（11）钢筋笼应根据吊装的要求，设置纵横向起吊桁架；桁架主筋宜采用 HRB335 级或 HRB400 级钢筋，钢筋直径不宜小于 20mm，且应满足吊装和沉放过程中钢筋笼的整体性及钢筋笼骨架不产生塑性变形的要求。连接点出现位移、松动或开焊的钢筋量不得入槽，应重新制作或修整完好。

（12）现浇地下连续墙应采用导管法浇筑混凝土。导管拼接时，其接缝应密闭。混凝土浇筑时，导管内应预先设置隔水栓。

（13）槽段长度不大于 6m 时，槽段混凝土宜采用两根导管同时浇筑；槽段长度大于 6m 时，槽段混凝土宜采用三根导管同时浇筑。每根导管分担的浇筑面积应基本均等。钢筋笼就位后应及时浇筑混凝土。混凝土浇筑过程中，导管埋入混凝土面的深度宜为 2.0~4.0m，浇筑液面的上升速度不宜小于 3m/h。混凝土浇筑面宜高于地下连续墙设计顶面500mm。

（14）除特殊要求外，地下连续墙的施工偏差应符合现行国家标准《建筑地基工程施工质量验收标准》（GB 50202）的规定。

（15）地下连续墙冠梁施工时，应将桩顶部浮浆、低强度混凝土及破碎部分清除。冠梁混凝土浇筑采用土模时，土面应修理整平。

（16）地下连续墙的质量检测应符合下列规定：

① 应进行槽壁垂直度检测，检测数量不得小于同条件下总槽段数的 20%，且不少于 10 幅，当地下连续墙作为主体地下结构构件时，应对每个槽段进行槽壁垂直度检测。

② 应进行槽底沉渣厚度检测，当地下连续墙作为主体地下结构构件时，应对每个槽段进行槽底沉渣厚度检测。

③ 应采用声波透射法对墙体混凝土质量进行检测，检测墙段数量不宜少于同条件下总墙段数的 20%，且不得少于 3 副墙段，每个检测墙段的预埋超声波管数不应少于 4 个，且宜布置在墙身截面的四边中点处。

④ 当根据声波透射法判定的墙身质量不合格时，应采用钻芯法进行验证。

⑤ 地下连续墙作为主体地下结构构件时，其质量检测还应符合相关规范的要求。

3.4.2 质量要点

（1）地下连续墙均应设置导墙，导墙形式有预制及现浇两种，现浇导墙形状有"L"形或倒"L"形，可根据不同土质选用。

（2）地下墙施工前宜先试成槽，以检验泥浆的配比、成槽机的选型并可复核地质资料。

（3）作为永久结构的地下连续墙，其抗渗质量标准可按现行国家标准《地下防水工程质量验收规范》（GB 50208）执行。

（4）地下墙槽段间的连接接头形式，应根据地下墙的使用要求选用，且应考虑施工单位的经验，无论选用何种接头，在浇筑混凝土前，接头处必须刷洗干净，不留任何泥砂或污物。

（5）地下墙与地下室结构顶板、楼板、底板及梁之间连接可预埋钢筋或接驳器（锥螺纹或直螺纹），对接驳器也应按原材料检验要求，抽样复验。数量每 500 套为一个检验批，每批应抽查 3 件，复验内容为外观、尺寸、抗拉试验等。

（6）施工前应检验进场的钢材、电焊条。已完工的导墙应检查其净空尺寸，墙面平整度与垂直度。检查泥浆用的仪器、泥浆循环系统应完好。地下连续墙应用商品混凝土。

（7）施工中应检查成槽的垂直度、槽底的淤积物厚度、泥浆相对密度、钢筋笼尺寸、浇筑导管位置、混凝土上升速度、浇筑面标高、地下墙连接面的清洗程度、商品混凝土的坍落度、锁口管或接头箱的拔出时间及速度等。

（8）成槽结束后应对成槽的宽度、深度及倾斜度进行检验，重要结构每段槽段都应检查，一般结构可抽查总槽段数的 20%，每槽段应抽查 1 个段面。

（9）永久性结构的地下墙，在钢筋笼沉放后，应做二次清孔，沉渣厚度应符合要求。

（10）每 50 立方米地下墙应做 1 组试件，每幅槽段不得少于 1 组，在强度满足设计要求后方可开挖土方。

（11）作为永久性结构的地下连续墙，土方开挖后应进行逐段检查，钢筋混凝土底板也应符合现行国家标准《混凝土结构工程施工质量验收规范》（GB 50204）的规定。

### 3.4.3 质量验收

地下墙的钢筋笼检验标准应符合表 2-2 的规定，地下墙质量检验标准应符合表 3-8 的规定。

表 3-8 地下墙质量检验标准

| 项 | 序 | 检查项目 | | 允许偏差或允许值 | | 检查方法 |
| --- | --- | --- | --- | --- | --- | --- |
| | | | | 单位 | 数值 | |
| 主控项目 | 1 | 墙体强度 | | 设计要求 | | 查试件记录或取芯试压 |
| | 2 | 垂直度：永久结构<br>临时结构 | | | 1/300<br>1/500 | 测声波测槽仪或成槽机上的监测系统 |
| 一般项目 | 1 | 导墙尺寸 | 宽度 | mm | W+40 | 用钢尺量，W为地下墙设计厚度 |
| | | | 墙面平整度 | mm | <5 | 用钢尺量 |
| | | | 导墙平面位置 | mm | ±10 | 用钢尺量 |
| | 2 | 沉渣厚度：永久结构<br>临时结构 | | mm<br>mm | ≤100<br>≤200 | 重锤测或沉积物测定仪测 |
| | 3 | 槽深 | | mm | +100 | 重锤测 |
| | 4 | 混凝土坍落度 | | mm | 180～220 | 坍落度测定器 |
| | 5 | 钢筋笼尺寸 | | 见表 2-1 | | 见表 2-1 |
| | 6 | 地下墙表面平整度 | 永久结构 | mm | <100 | 此为均为黏土层，松散及易坍土层由设计决定 |
| | | | 临时结构 | mm | <150 | |
| | | | 插入式结构 | mm | <20 | |
| | 7 | 永久结构时的预埋件位置 | 水平向 | mm | ≤10 | 用钢尺量 |
| | | | 垂直向 | mm | ≤20 | 水准仪 |

### 3.4.4 安全与环保措施

（1）打桩时，打桩区域内无关人员不得入内，以防发生意外，钢筋笼起吊时更应看清周围情况，而且起吊回转时要慢，以免动作过猛，因惯性作用涉及较远的范围，发生打伤人、碰伤人的情况。

（2）连续墙槽段开挖过程中无关人员不要靠近开挖区域，开挖完成要即设盖板。

（3）钢筋笼由于长度较长，因此必须设置可靠的支承措施，以防止构件变形甚至断裂、折弯伤人。

（4）为确保钢筋笼吊装安全，吊点的布置与吊环、吊具的强度均须经专门设计验算。钢筋笼吊装时，过高的地面物品需搬迁，吊过程中钢筋笼底部应离开地面物品 1m 以上的距离，过大风应停止起重作业，钢筋笼起吊过程应避免过大的晃动，以免影响到行人的安全，钢筋笼的堆放高度不要超过 4m。

（5）吊装必须由持有效证件专业起重人员负责，有统一指挥，统一信号。

（6）运泥车辆要按规定的路线行驶，并要有挡漏措施，施工区域场地要随时用水冲洗干净，并有防滑措施，雷雨天应停止作业。

（7）在进出口设置活动式洗车槽，进出场地车辆均经过冲洗，并配备高压水枪冲洗车辆轮胎及车体，干净后才允许出场，洗车后污水设置三格式沉淀池，污水经沉淀后再排入城市排水管网中。

（8）自行办理余土泥浆排放许可证，将余土及泥浆运至指定地点堆放。所有余土及泥浆运输车都保证车容整洁。

## 3.5 钢筋混凝土支撑系统施工

**3.5.1 施工要点**

(1) 模板应按图加工、制作。通用性强的模板宜制作成定型模板。

(2) 模板面板背侧的木方高度应一致。制作胶合板模板时，其板面拼缝处应密封。

(3) 对跨度不小于 4m 的梁、板，其模板起拱高度宜为梁、板跨度的 1/1000～3/1000。

(4) 模板安装应保证混凝土结构构件各部分形状、尺寸和相对位置准确，并应防止漏浆。

(5) 模板安装应与钢筋安装配合进行，梁柱节点的模板宜在钢筋安装后安装。

(6) 模板与混凝土接触面应清理干净并涂刷脱模剂，脱模剂不得污染钢筋和混凝土接槎处。

(7) 模板安装完成后，应将模板内杂物清除干净。

(8) 钢筋连接方式应根据设计要求和施工条件选用。

(9) 当钢筋采用机械锚固措施时，应符合现行国家标准《混凝土结构设计规范》(GB 50010) 等的有关规定。

(10) 钢筋的接头宜设置在受力较小处。同一纵向受力钢筋不宜设置两个或两个以上的接头。接头末端至钢筋弯起点的距离不应小于钢筋公称直径的 10 倍。

(11) 钢筋机械连接应符合现行行业标准《钢筋机械连接通用技术规程》(JGJ 107) 的有关规定。机械连接接头的混凝土保护层厚度宜符合现行国家标准《混凝土结构设计规范》(GB 50010) 中受力钢筋最小保护层厚度的规定，且不得小于 15mm；接头之间的横向净距不宜小于 25mm。

（12）钢筋焊接连接应符合现行行业标准《钢筋焊接及验收规程》（JGJ 18）的有关规定。

（13）当纵向受力钢筋采用机械连接接头或焊接接头时，设置在同一构件内的接头宜相互错开。每层柱第一个钢筋接头位置距楼地面高度不宜小于 500mm、柱高的 1/6 及柱截面长边（或直径）的较大值；连续梁、板的上部钢筋接头位置宜设置在跨中 13 跨度范围内，下部钢筋接头位置宜设置在梁端 1/3 跨度范围内。

（14）浇筑混凝土前，应清除模板内或垫层上的杂物。表面干燥的地基、垫层、模板上应洒水湿润；现场环境温度高于 35℃时宜对金属模板进行洒水降温；洒水后不得留有积水。

（15）混凝土浇筑应保证混凝土的均匀性和密实性。混凝土宜一次连续浇筑；当不能一次连续浇筑时，可留设施工缝或后浇带分块浇筑。

（16）混凝土浇筑的布料点宜接近浇筑位置，应采取减少混凝土下料冲击的措施，并应符合下列规定：

①宜先浇筑竖向结构构件，后浇筑水平结构构件。

②浇筑区域结构平面有高差时，宜浇筑低区部分再浇筑高区部分。

（17）混凝土浇筑后，在混凝土初凝前和终凝前宜分别对混凝土裸露表面进行抹面处理。

（18）混凝土振捣应能使模板内各个部位混凝土密实、均匀，不应漏振、欠振、过振。

（19）混凝土振捣应采用插入式振动棒、平板振动器或附着振动器，必要时可采用人工辅助振捣。

（20）混凝土浇筑后应及时进行保湿养护，保湿养护可采用洒水、覆盖、喷涂养护剂等方式。选择养护方式应考虑现场条件、环境温湿度、构件特点、技术要求、施工操作等因素。

（21）混凝土支撑的施工应符合现行国家标准《混凝土结构工程施工质量验收规范》（GB 50204）的规定。

（22）混凝土腰梁施工前应将排柱、地下连续墙等挡土构件的连接表面清理干净，混凝土腰梁应与挡土构件紧密接触，不得留有缝隙。

（23）支撑拆除应在替换支撑的结构构件达到换撑要求的承载力后进行。当主体结构底板和楼板分块浇筑或设置后浇带时，应在分块部位或后浇带处设置可靠的传力构件。支撑的拆除应根据支撑材料、型式、尺寸等具体情况采用人工、机械和爆破等方法。

（24）立柱的施工应符合下列要求：

①立柱桩混凝土的浇筑面宜高于设计桩顶500mm；

②采用钢立柱时，立柱周围的空隙应用碎石回填密实，并宜辅以注浆措施；

③立柱的定位和垂直度宜采用专门措施进行控制，对格构柱、H型钢柱，还应同时控方向偏差。

### 3.5.2 质量要点

（1）对模板及支架，应进行设计。模板及支架应具有足够的承载力、刚度和稳定性，应能可靠地承受施工过程中所产生的各类荷载。

（2）模板表面应平整；胶合板模板的胶合层不应脱胶翘角；支架杆件应平直，应无严重变形和锈蚀；连接件应无严重变形和锈蚀，并不应有裂纹。

（3）钢筋进场时应按下列规定检查性能及重量：

①应检查生产企业的生产许可证证书及钢筋的质量证明书；

②应按国家现行有关标准的规定抽样检验屈服强度、抗拉强度、伸长率及单位长度重量偏差；

③经产品认证符合要求的钢筋，其检验批量可扩大一倍。在同一工程项目中，同一厂家、同一牌号、同一规格的钢筋连续三次进场检验均合格时，其后的检验批量可扩大一倍；

④钢筋的表面质量应符合国家现行有关标准的规定；

⑤当无法准确判断钢筋品种、牌号时，应增加化学成分、晶粒度等检验项目。

（4）钢筋的加工尺寸偏差和安装位置偏差应符合现行国家标准《混凝土结构工程施工质量验收规范》（GB 50204）等的有关规定。

（5）在施工现场，应按现行行业标准《钢筋机械连接通用技术规程》（JGJ 107）、《钢筋焊接及验收规程》（JGJ 18）的有关规定抽取钢筋机械连接接头、焊接接头试件作力学性能检验，其质量应符合国家现行有关标准的规定。

（6）采用预拌混凝土时，供方应提供混凝土配合比通知单、混凝土抗压强度报告、混凝土质量合格证和混凝土运输单；当需要其他资料时，供需双方应在合同中明确约定。

（7）预拌混凝土质量控制资料的保存期限，应满足工程质量追溯的要求。

（8）混凝土拌和物工作性应检验其坍落度或维勃稠度，检验应符合现行国家标准《普通混凝土拌和物性能试验方法》（GB/T 50080）的有关规定；

### 3.5.3 质量验收

（1）现浇结构模板安装的尺寸允许偏差符合表 3-9 的规定。

表 3-9　现浇结构模板安装的允许偏差及检验方法

| 项　目 | | 允许偏差<br>（mm） | 检验方法 |
|---|---|---|---|
| 轴线位置 | | 5 | 尺量 |
| 底模上表面标高 | | ±5 | 水准仪或拉线、尺量 |
| 模板内部尺寸 | 基础 | ±10 | 尺量 |
| | 柱、墙、梁 | ±5 | 尺量 |
| | 楼梯相邻踏步高差 | 5 | 尺量 |
| 柱、墙垂直度 | 层高≤6m | 8 | 经纬仪或吊线、尺量 |
| | 层高>6m | 10 | 经纬仪或吊线、尺量 |
| 相邻两板表面高低差 | | 2 | 尺量 |
| 表面平整度 | | 5 | 2m 靠尺和塞尺量测 |

注：检查轴线位置，当有纵横两方向时，沿纵、横两个方向量测，并取其中偏差的较大值。

（2）钢筋安装位置的偏差应符合表 3-10 的规定。

表 3-10　钢筋安装位置的允许偏差和检验方法

| 项　目 | | 允许偏差<br>（mm） | 检验方法 |
|---|---|---|---|
| 绑扎钢筋网 | 长、宽 | ±10 | 尺量 |
| | 网眼尺寸 | ±20 | 钢尺量连续三档，<br>取最大偏差值 |
| 绑扎钢筋骨架 | 长 | ±10 | 尺量 |
| | 宽、高 | ±5 | 尺量 |

51

| 项　　目 | | 允许偏差（mm） | 检验方法 |
|---|---|---|---|
| 纵向受力钢筋 | 锚固长度 | −20 | 尺量 |
| | 间距 | ±10 | 尺量两端、中间各一点，取最大偏差值 |
| | 排距 | ±5 | |
| 纵向受力钢筋、箍筋的混凝土保护层厚度 | 基础 | ±10 | 尺量 |
| | 柱、梁 | ±5 | 尺量 |
| | 板、墙、壳 | ±3 | 尺量 |
| 绑扎箍筋、横向钢筋间距 | | ±20 | 钢尺量连续三档，取最大偏差值 |
| 钢筋弯起点位置 | | 20 | 尺量 |
| 预埋件 | 中线线位置 | 5 | 尺量检查 |
| | 水平高差 | +3，0 | 钢尺和塞尺检查 |

（3）现浇结构混凝土拆模后的位置和尺寸偏差应符合表3-11的规定。

**表 3-11　现浇结构位置和尺寸允许偏差**

| 项　　目 | | 允许偏差 | 检验方法 |
|---|---|---|---|
| 轴线位置 | 整体基础 | 15 | 经纬仪及尺量 |
| | 独立基础 | 10 | 经纬仪及尺量 |
| | 柱、墙、梁 | 8 | 尺量 |
| 垂直度 | 层高≤6m | 10 | 经纬仪或吊线、尺量 |
| | 层高＞6m | 12 | 经纬仪或吊线、尺量 |
| | 全高 $H$≤300m | $H/30000+20$ | 经纬仪、尺量 |
| | 全高 $H$＞300m | $H/10000$ 且≤80 | 经纬仪、尺量 |

| 项　目 | | 允许偏差 | 检验方法 |
|---|---|---|---|
| 标高 | 层高 | ±10 | 水准仪或拉线、尺量 |
| | 全高 | ±30 | 水准仪或拉线、尺量 |
| 截面尺寸 | 基础 | +15，−10 | 尺量 |
| | 柱、梁、板、墙 | +10，−5 | 尺量 |
| | 楼梯相邻踏步高差 | 6 | 尺量 |
| 电梯井 | 中心位置 | 10 | 尺量 |
| | 长、宽尺寸 | +25，0 | 尺量 |
| 表面平整度 | | 8 | 2m靠尺和塞尺量测 |
| 预埋件中心位置 | 预埋板 | 10 | 尺量 |
| | 预埋螺栓 | 5 | 尺量 |
| | 预埋管 | 5 | 尺量 |
| | 其他 | 10 | 尺量 |
| 预留洞、孔中心线位置 | | 15 | 尺量 |

注：1. 检查柱轴线、中心线位置时，沿纵、横两个方向测量，并取其中偏差的较大值。

　　2. H 为全高，单位为 mm。

### 3.5.4　安全与环保措施

（1）使用输送泵输送混凝土时，应由两人以上人员牵引布料杆管道的接头，安全阀、管架等必须安装牢固。输送前应试送，检修时必须卸压。

（2）浇筑前应检查砼泵管有无裂纹，损坏变形或磨损严重的应立即更换。

（3）混凝土振捣器使用前必须经电工检验确认合格后方

53

可使用，开关箱内必须装设合格有效漏电保护器，插座、插头应完好无损，不得使用破皮老化的电源线，电线应地支空架设，严禁随地拖拉。

（4）振捣器作业应两人配合作业，不得用电源线拖拉振捣器。操作人员必须穿绝缘鞋（胶鞋），戴绝缘手套。电机出现故障，找电工修理，非专业人员严禁随意拆装电机开关，严防触电事故发生。

（5）工作完后，清理施工现场，搞好施工现场的安全文明工作。

（6）混凝土罐车每次出场前清洗下料斗。土方、渣土自卸车、垃圾运输车全密闭运输车。运输车辆的出场前清洗车身、车轮，避免污染场外路面。

## 3.6　钢管支撑系统施工

### 3.6.1　施工要点

（1）内支撑结构的施工与拆除顺序，应与设计工况一致，必须遵循先支撑后开挖的原则。

（2）钢支撑的安装应符合现行国家标准《钢结构工程施工质量验收规范》GB 50205 的规定。

（3）钢腰梁与排桩、地下连续墙等挡土构件间隙的宽度宜小于 100mm，并应在钢腰梁安装定位后，用强度等级不低于 C30 的细石混凝土填充密实。

（4）对预加轴向压力的钢支撑，施加预压力时应符合下列要求：

①对支撑施加压力的千斤顶应有可靠、准确的计量装置；

②千斤顶压力的合力点应与支撑轴线重合，千斤顶应在支撑轴线两侧对称、等距放置，且应同步施加压力。

③千斤顶的压力应分级施加，施加每级压力后应保持压力稳定 10min 后方可施加下一级压力；预压力加至设计规定值后，应在压力稳定 10min 后，方可按设计预压力值进行锁定；

④支撑施加压力过程中，当出现焊点开裂、局部压曲等异常情况时应卸除压力，在对支撑的薄弱处进行加固后，方可继续施加压力；

⑤当监测的支撑压力出现损失时，应再次施加预压力。

（5）对钢支撑，当夏期施工产生较大温度应力时，应及时对支撑采取降温措施。当冬期施工降温产生的收缩使支撑端头出现空障时，应及时用铁楔将空隙楔紧。

（6）支撑拆除应在替换支撑的结构构件达到换撑要求的承载力后进行。当主体结构底板和楼板分块浇筑或设置后浇带时，应在分块部位或后浇带处设置可靠的传力构件。支撑的拆除应根据支撑材料、型式、尺寸等具体情况采用人工、机械和爆破等方法。

3.6.2 质量要点

（1）支撑系统包括围图及支撑，当支撑较长时（一般超过 15m），还包括支撑下的立柱及相应的立柱桩。

（2）施工前应熟悉支撑系统的图纸及各种计算工况，掌握开挖及支撑设置的方式、预顶力及周围环境保护的要求。

（3）施工过程中应严格控制开挖和支撑的程序及时间，对支撑的位置（包括立柱及立柱桩的位置）、每层开挖深度、预加顶力（如需要时）、钢围图与围护体或支撑与围图的密贴度应做周密检查。

（4）全部支撑安装结束后，仍应维持整个系统的正常运转直至支撑全部拆除。

### 3.6.3 质量验收

钢及混凝土支撑系统工程质量检验标准应符合表 3-12 的规定。

**表 3-12  钢及混凝土支撑系统工程质量检验标准**

| 项目 | 序号 | 检查项目 | 允许偏差或允许值 | | 检查方法 |
|---|---|---|---|---|---|
| | | | 单位 | 数值 | |
| 主控项目 | 1 | 支撑位置：标高<br>平面 | mm<br>mm | 30<br>100 | 水准仪<br>用钢尺量 |
| | 2 | 预加顶力 | kN | ±50 | 油泵读数或传感器 |
| 一般项目 | 1 | 围图标高 | mm | 30 | 水准仪 |
| | 2 | 立柱桩 | 参见 GB 50202 | | 参见 GB 50202 |
| | 3 | 立柱位置：标高<br>平面 | mm | 30<br>50 | 水准仪<br>用钢尺量 |
| | 4 | 开挖超深（开槽放支撑不在此范围） | mm | <200 | 水准仪 |
| | 5 | 支撑安装时间 | 设计要求 | | 用钟表估测 |

### 3.6.4  安全与环保措施

（1）施焊作业人员必须持证上岗，非电焊工禁止进行电焊作业。

（2）施焊作业人员必须正确地佩戴个人防护用品。如工作服、绝缘手套、绝缘鞋等。

（3）焊工应在干燥的绝缘板或胶垫上作业，配合人员应穿绝缘鞋或站在绝缘板上。

（4）焊接过程中临时接地线头严禁浮搭，必须固定、压紧，用胶布包严。

（5）焊接时二次线必须双线到位，严禁借用金属管道、脚手架、结构钢筋作回路线。焊把线无损，绝缘良好。

（6）下班后必须拉闸断电，必须将地线和把线分开，并确认工具断电，方可离开现场。

（7）在安装区下方确认无人，施工无关人员不得进入安装区。

（8）吊装前，应检查工、夹、索具、吊环等是否符合要求，并进行试吊，确认安全后，方可工作。

（9）多人抬材料和工件时，要有专人指挥，精力集中，行动一致。轻抬轻放，以免伤人，并应将施工道路清理好。

（10）电、气焊施工时，应遵守操作规程。乙炔、氧气瓶之间的距离不得小于 5m，并且在 10m 之内不得有易燃易爆物品。

（11）支撑安装完毕后，应及时检查各节点的连接情况。经确认符合要求后，方可施加预加力，预加力应分级施加。

（12）预加力加至设计要求的额定值后，再次检查连接点的情况。必要时对节点进行加固。待额定压力稳定后予以锁定。

（13）拆除区内无关人员不得入内，拆除必须按顺序进行。注意未拆除构件的平衡，拆除前必须先释放预应力。

（14）使用撬棍等工具时，支点要稳，用力要均，防止发生撬滑及悠撞事故。

（15）拆下的构件要堆放稳定，防止滚动伤人。

（16）施工场地采用标准围挡全封闭，施工区的材料堆放、材料加工及出料口等场地有序布置。

（17）尽量选用低噪声的机械设备和工法，优先选用先进的环保机械。

（18）焊接尽量安排在白天操作，减少电焊弧光污染。焊接操作时，优先选用环保型焊条。进行气割操作时，氧气表、乙炔表与气瓶连接紧密牢固，防止漏气。

# 4 地下水控制

## 4.1 施工要点

### 4.1.1 降水

1. 降水方法的分类和选择

降水方法应根据场地地质条件、降水目的、降水技术要求、降水工程可能涉及的工程环境保护等因素按表 4-1 选用，并应符合下列规定：

表 4-1　工程降水方法及适用条件

| 降水方法 | | 土质类别 | 渗透系数<br>（m/d） | 降水深度<br>（m） |
|---|---|---|---|---|
| 集水明排 | | 填土、黏性土、粉土、砂土、碎石土 | — | — |
| 降水井 | 真空井点 | 粉质黏土、粉土、砂土 | 0.01～20.0 | 单级≤6，多级≤12 |
| | 喷射井点 | 粉土、砂土 | 0.1～20.0 | ≤20 |
| | 管井 | 粉土、砂土、碎石土、岩石 | >1 | 不限 |
| | 渗井 | 粉质黏土、粉土、砂土、碎石土 | >0.1 | 由下伏含水层的埋藏条件和水头条件确定 |
| | 辐射井 | 黏性土、粉土、砂土、碎石土 | >0.1 | 4～20 |
| | 电渗井 | 黏性土、淤泥、淤泥质黏土 | ≤0.1 | ≤6 |
| | 潜埋井 | 粉土、砂土、碎石土 | >0.1 | ≤2 |

（1）地下水控制水位应满足基础施工要求，基坑范围内地下水位应降至基础垫层以下不小于 0.5m，对基底以下承压水应降至不产生坑底突涌的水位以下，对局部加深部位（电梯井、集水坑、泵房等）宜采取局部控制措施。

（2）降水过程中应采取防止土颗粒流失的措施。

（3）应减少对地下水资源的影响。

（4）对工程环境的影响应在可控范围之内。

（5）应能充分利用抽排的地下水资源。

2. 降水系统布设

降水系统平面布置应根据工程的平面形状、场地条件及建筑条件确定，并应符合下列规定：

（1）面状降水工程降水井点宜沿降水区域周边呈封闭状均匀布置，距开挖上口边线不宜小于 1m。

（2）线状、条状降水工程降水井宜采用单排或双排布置，两端应外延条状或线状降水井点围合区域宽度的 1～2 倍布置降水井。

（3）降水井点围合区域宽度大于单井降水影响半径或采用隔水帷幕的工程，应在围合区域内增设降水井或疏干井。

（4）在运土通道出口两侧应增设降水井。

（5）当降水区域远离补给边界，地下水流速较小时，降水井点宜等间距布置，当邻近补给边界，地下水流速较大时，在地下水补给方向降水井点间距可适当减小。

（6）对于多层含水层降水宜分层布置降水井点，当确定上层含水层地下水不会造成下层含水层地下水污染时，可利用一个井点降低多层地下水水位。

（7）降水井点、排水系统布设应考虑与场地工程施工的相互影响。

3. 隔水帷幕

当降水会对基坑周边建（构）筑物、地下管线、道路等造成危害或对工程环境造成长期不利影响时，可采用隔水帷幕方法控制地下水。

1）隔水施工的分类和选择

隔水帷幕施工方法的选择应根据工程地质条件、水文地质条件、场地条件、支护结构形式、周边工程环境保护要求综合确定。隔水帷幕功能应符合下列规定：

（1）隔水帷幕设计应与支护结构设计相结合。

（2）应满足开挖面渗流稳定性要求。

（3）隔水帷幕应满足自防渗要求，渗透系数不宜大于 $1.0 \times 10^{-6}$ cm/s。

（4）当采用高压喷射注浆法、水泥土搅拌法、压力注浆法、冻结法帷幕时，应结合工程情况进行现场工艺性试验，确定施工参数和工艺。

隔水帷幕施工方法可按表 4-2 选用。

表 4-2　隔水帷幕施工方法

| 注浆法 | 适用于除岩溶外的各类岩土 | 用于竖向帷幕的补充，多用于水平帷幕 |
|---|---|---|
| 水泥土搅拌法 | 适用于淤泥质土、淤泥、黏性土、粉土、填土、黄土、软土，对砂、卵石等地层有条件使用 | 不适用于含大孤石或障碍物较多且不易清除的杂填土，欠固结的淤泥、淤泥质土，硬塑、坚硬的黏性土，密实的砂土以及地下水渗流影响成桩质量的地层 |
| 冻结法 | 适用于地下水流速不大的土层 | 电源不能中断，冻融对周边环境有一定影响 |

| | | |
|---|---|---|
| 地下连续墙 | 适用于除岩溶外的各类岩土 | 施工技术环节要求高,造价高,泥浆易造成现场污染、泥泞,墙体刚度大,整体性好,安全稳定 |
| 咬合式排桩 | 适用于黏性土、粉土、填土、黄土、砂、卵石 | 对施工精度、工艺和混凝土配合比均有严格要求 |
| 钢板桩 | 适用于淤泥、淤泥质土、黏性土、粉土 | 对土层适应性较差,多应用于软土地区 |
| 沉箱 | 适用于各类岩土层 | 适用于地下水控制面积较小的工程,如竖井等 |

注:1. 对碎石土、杂填土、泥炭质土、泥炭、pH 值较低的土或地下水流速较大时,水泥土搅拌桩、高压喷射注浆工艺宜通过试验确定其适用性。

2. 注浆帷幕不宜在永久性隔水工程中使用。

2)隔水帷幕布设

(1)隔水帷幕在平面布置上宜沿地下水控制区域闭合,在设计深度范围内应连续。当采用未闭合的平面布置时,应对地下水沿帷幕两端绕流引起的渗流破坏和地下水位下降进行分析,并应采取阻止地下水流入基坑内的措施。

(2)当基础底部以下存在连续分布、埋深较浅的隔水层时,应采用落底式竖向隔水帷幕;当基础底部以下含水层厚度较大,隔水层不连续或埋深较深时,可采用悬挂式竖向隔水帷幕,同时应采取隔水帷幕内侧降水,必要时采取帷幕外侧回灌或与水平隔水帷幕结合的措施;地下暗挖隧道、涵洞工程可采用水平向或斜向隔水帷幕。

(3)当支护结构为排桩时,可采用高压喷射注浆或水泥土搅拌桩与排桩相互衔接(咬合)组成的嵌入式隔水帷幕。

（4）隔水帷幕强度和厚度应满足现行行业标准《建筑基坑支护技术规程》（JGJ 120）的要求；自抗渗支护结构的隔水帷幕应满足基坑稳定性、强度验算、裂缝验算的要求。

3）隔水帷幕施工

（1）施工前应根据现场环境及地下建（构）筑物的埋设情况复核设计孔位，清除地下、地上障碍物。

（2）隔水帷幕的施工应与支护结构施工相协调，施工顺序应符合下列规定：

①独立的、连续性隔水帷幕，宜先施工帷幕，后施工支护结构；

②对嵌入式隔水帷幕，当采用搅拌工艺成桩时，可先施工帷幕桩，后施工支护结构；当采用高压喷射注浆工艺成桩，或可对支护结构形成包覆时，可先施工支护结构，后施工帷幕；

③当采用咬合式排桩帷幕时，宜先施工非加筋桩，后施工加筋桩；

④当采取嵌入式隔水帷幕或咬合支护结构时，应控制其养护强度，应同时满足相邻支护结构施工时的自身稳定性要求和相邻支护结构施工要求。

（3）隔水帷幕施工尚应符合现行行业标准《建筑地基处理技术规范》（JGJ 79）和《建筑基坑支护技术规程》（JGJ 120）的有关规定。

4. 回灌

（1）回灌井布设应符合下列规定：

①回灌井应优先布设在地面沉降敏感区；

②隔水帷幕未将含水层隔断时，回灌井宜布设在隔水帷幕外侧与保护对象之间；

③回灌井宜布设于降水井群的最大影响区和重点保护区；

④对控制地面沉降的工程，回灌与降水应同步进行，降水井与回灌井宜保持一定的间距或过滤器布设在不同的深度；

⑤布设回灌井时，应同时布设回灌水位观测井，对回灌效果进行动态监测。

（2）回灌井结构应符合下列规定：

①回灌井宜包括井壁管（实管）、滤水管、沉砂管；

②管井的成孔口径宜为 600～800mm，井径宜为 250～300mm；大口径井的成孔口径宜为 1.0～2.0m；

③井管上部的滤水管应从常年地下水位以上 0.50m 处开始，滤水管可采用铸铁或无缝钢管，管外应用 $\phi$6mm 钢筋焊作垫筋，并应采用金属缠丝均匀缠在垫筋上，缠丝间隙宜为 0.75～1.00mm；当地层中夹有粉细砂时，可在缠丝外再包扎一层 30 目左右的铜网；

④回灌井过滤器长度应根据场地的水文地质条件及回灌量的要求综合确定，管径应与井点管直径一致，滤水段管长度应大于 1.0m；管壁上应布置渗水孔，直径宜为 12～18mm；渗水孔宜呈梅花形布置，孔隙率应大于 15%；

⑤沉砂管应与井管同质同径，且应接在滤水管下部，长度不宜小于 1m；

⑥井管外侧应填筑级配石英砂作过滤层，填砂粒径宜为含水层颗粒级配 $d$50 的 8～12 倍；

⑦单层（鼓形）滤水管应设置补砂管。补砂管可选用薄壁钢管或高强度 PVC 管，直径宜为 50～70mm；补砂管应布置在井管两侧，与井管同步下入，埋设深度至含水层上

部，插入填砂层内 1～2m，上部露出孔口。

（3）回灌施工。

①回灌井施工除符合降水井成井施工的有关规定外，还应符合下列规定：

A. 过滤层的级配砂填筑宜采用动水回填法；

B. 在回填的过滤砂层之上，应填筑大于 3m 厚的高膨胀性止水黏土球。

②井灌法回灌施工应符合下列规定：

A. 回灌井成井深度不应小于设计深度，成井后应及时洗井；

B. 回灌井在使用前应进行冲洗工作；

C. 应选择与井的出水能力相匹配的水泵；

D. 降水、回灌期间应对抽水设备和运行状况进行检查，每天检查不应少于 3 次，同时应有备用设备；

E. 应经常检查灌入水的污浊度及水质情况，防止机油、有毒有害物质、化学药剂、垃圾等进入回灌水中；

F. 回灌井点必须与降水井点同时工作。

a. 在回灌过程中，应对回灌井、观测井水位及流量观测资料进行分析，必要时调整回灌参数。

b. 回灌水量应根据地下水位的变化及时调整，保证抽灌平衡。

c. 完成地下水回灌任务、停止回灌后，应进行回填封井。回填封井应符合下列规定：

（a）回填前应对井深、水位等进行测量；

（b）回填材料宜选用直径 20～30mm 的黏土球缓慢填入；

（c）回填后应灌水检查封井效果。

4.1.2 质量要点

（1）地下水控制施工前应搜集下列资料：

①地下水控制范围、深度、起止时间等；

②地下工程开挖与支护设计施工方案，拟建建（构）筑物基础埋深、地面高程等；

③场地与相邻地区的工程勘察等资料，当地地下水控制工程经验；

④周围建（构）筑物、地下管线分布状况和平面位置、基础结构和埋设方式等工程环境情况；

⑤地下水控制工程施工的供水、供电、道路、排水及有无障碍物等现场施工条件。

⑥当已有工程勘察资料不能满足设计要求时进行补充的勘察或专项水文地质勘察。

（2）地下水控制满足下列功能规定：

①支护结构施工的要求；

②地下结构施工的要求；

③工程周边建（构）筑物、地下管线、道路的安全和正常使用要求。

（3）地下水控制实施过程中，对地下水及工程环境进行监测。

（4）地下水控制的勘察、设计、施工、检测、维护资料应及时分析整理、保存。

4.1.3 质量验收

1. 降水

（1）降水工程单井验收应符合下列规定：

①单井的平面位置、成孔直径、深度应符合设计要求；

②成井直径、深度、垂直度等应符合设计要求，井内沉

淀厚度不应大于成井深度的 5‰；

③洗井应符合设计要求；

④降深、单井出水量等应符合设计要求；

⑤成井材料和施工过程应符合设计要求。

（2）降水过程中，抽排水的含砂量应符合下列规定：

①管井抽水半小时内含砂量：粗砂含量应小于1/50000；中砂含量应小于 1/20000；细砂含量应小于 1/10000；

②管井正常运行时含砂量应小于 1/50000；

③辐射井抽水半小时内含砂量应小于 1/20000；

④辐射井正常运行时含砂量应小于 1/200000。

（3）集水明排工程排水沟、集水井、排水导管的位置、排水沟的断面、坡度、集水坑（井）深度、数量及降排水效果应满足设计要求。

（4）降水工程验收资料。

①设计依据、技术要求，经审批的施工组织设计、施工方案以及执行中的变更单；

②测量放线成果和复核签证单；

③原材料质量合格和质量鉴定书，半成品产品的质量合格证书；

④施工记录和隐蔽工程的验收文件，检测试验及见证取样文件；

⑤监测、巡视检查记录；

⑥降水工程的运行维护记录；

⑦对周边环境的影响记录，包括基坑支护结构、周边地面、邻近工程和地下设施的变形记录；

⑧其他需提供的文件和记录。

2. 隔水帷幕

（1）帷幕的施工质量验收尚应符合现行国家标准《建筑地基工程施工质量验收标准》（GB 50202）和《地下防水工程质量验收规范》（GB 50208）的相关规定。

（2）对封闭式隔水帷幕，宜通过坑内抽水试验，观测抽水量变化、坑内外水位变化等检验其可靠性。

（3）对设置在支护结构外侧的独立式隔水帷幕，可通过开挖后的隔水效果判定其可靠性。

（4）对嵌入式隔水帷幕，应在开挖过程中检查固结体的尺寸、搭接宽度，检查点应随机选取，对施工中出现异常和漏水部位应检查并采取封堵、加固措施。

（5）隔水帷幕验收资料：

①设计依据、技术要求，经审批的施工组织设计、施工方案以及执行中的变更单；

②测量放线成果和复核签证单；

③原材料质量合格和质量鉴定书，半成品产品的质量合格证书；

④施工记录和隐蔽工程的验收文件，检测试验及见证取样文件；

⑤监测、巡视检查记录；

⑥隔水帷幕的运行维护记录；

⑦对周边工程环境的影响记录，包括基坑支护结构、周边地面、邻近工程和地下设施的变形记录。

3. 回灌

（1）回灌单井验收应符合下列规定：

①单井的平面位置、成孔直径、深度应符合设计要求；

②成井直径、深度、垂直度等应符合设计要求；

③回灌水质应符合设计要求；

④回灌水位、单井回灌量应符合设计要求；

⑤成井材料和施工过程应符合设计要求。

（2）地下水回灌验收资料。

①设计依据、技术要求，经审批的施工组织设计、施工方案以及执行中的变更单；

②测量放线成果和复核签证单；

③原材料质量合格和质量鉴定书，半成品产品的质量合格证书；

④施工记录和隐蔽工程的验收文件，检测试验及见证取样文件；

⑤监测、巡视检查记录；

⑥回灌工程控制的运行维护记录；

⑦对周边环境的影响监测记录，包括基坑支护结构、周边地面、邻近工程和地下设施的变形监测记录；

⑧其他需提供的文件和记录。

**4.1.4　安全与环保措施**

1. 针对性的安全与环保措施

（1）降水。

①应对水位及涌水量等进行监测，发现异常应及时反馈；

②当发现基坑（槽）出水、涌砂，应立即查明原因，采取处理措施；

③对所有井点、排水管、配电设施应有明显的安全保护标识；

④降水期间应对抽水设备和运行状况进行维护检查，每天检查不应少于 2 次；

⑤当井内水位上升且接近基坑底部时，应及时处理，使

水位恢复到设计深度；

⑥冬季降水时，对地面排水管网应采取防冻措施；

⑦当发生停电时，应及时更换电源，保持正常降水。

（2）隔水帷幕。

①现场配电设施应有明显的安全保护标识；

②应按设计要求进行监测和日常巡视；

③发现异常应及时反馈，并应采取必要的处理措施；

④基坑开挖过程中不得损伤隔水帷幕；当土钉、锚杆穿过隔水帷幕时应采用快硬型水泥砂浆封堵锚孔，修复隔水帷幕。

（3）回灌。

①应根据要求对水位、回灌量等进行监测，发现异常应及时反馈；

②回灌井、配电设施应有明显的安全保护标识；

③回灌过程中应保持回灌流量、回灌压力的稳定；

④回灌水源水质应符合设计要求；

⑤应对抽水设备和运行状况进行维护检查，每天检查不应少于2次；

⑥回灌过程中应对回灌管井定期进行回扬，当回灌流量明显减少时，应立即进行回扬；

⑦回灌期间应对回灌设备和运行状况进行维护检查，每天检查不应少于2次；

⑧重力回灌应保持回灌井内水位在一定高度，当回灌井内水位升高至设计动水位后应控制回灌流量，保持回灌与渗流场的平衡；

⑨压力回灌时要及时观测压力、流量、水位及回灌井四周地面土体的变化；回灌压力开始宜采用 0.1MPa，加压间

隔 0.05MPa，加压时间间隔 24h，最大压力不宜大于
0.5MPa；

⑩真空回灌系统应满足密封要求；

⑪当发生停电时，应及时更换电源，保持正常回灌。

2. 环保的技术措施

（1）地下水控制工程不得恶化地下水水质，导致水质产
生类别上的变化。

（2）地下水控制过程中抽排出的地下水经沉淀处理后应
综合利用；当多余的地下水符合城市地表水排放标准时，可
排入城市雨水管网或河湖，不应排入城市污水管道。

（3）地下水控制施工、运行、维护过程中，应根据监测
资料，判断分析对工程环境影响程度及变化趋势，进行信息
化施工，及时采取防治措施。

# 5 土方工程

## 5.1 土方开挖

### 5.1.1 施工要点

（1）基坑开挖施工方案应按程序进行专家认证和审批，并严格实施。基坑开挖遵循"由上而下，先撑后挖，分层开挖，加强监测"的原则，运用"时空理论"采用"竖向分层、纵向分段，横向扩边"的开挖方法，严格掏底施工。

（2）由于土方开挖顺序的需要，钢支撑和钻孔灌注桩构成的围护结构首先在基坑的竖向上形成，施工区段内每层开挖完成架设钢支撑后才能进行下层土方的挖掘施工。

（3）土方开挖过程中。加强监控量测的统计、分析、采取措施，对周边环境进行保护，切实减小围护结构的变形位移及土体的不均匀沉降。

（4）采取对称方式进行土方开挖，即横向由中间向两侧开挖，以免产生偏压现象。

（5）开挖过程中，按规范和方案要求进行，严禁掏挖。

（6）加强对地下水的处理，采取开挖排水沟，集水井集中抽排的方法疏干地下残留水。

（7）加强对开挖标高的控制，开挖接近设计标高时，预留 300mm 厚度土层由人工清底，严禁超挖。

（8）施工过程中，避免土方开挖机械对围护结构、降水井管的碰撞破坏，前述部位附近的土方开挖由人工进行。

（9）所有材料、设备、运输作业机械、水、电等必须进场到位，开挖前，钢支撑的拼装必须完成并按要求架设。

（10）临时弃土地点必须落实，弃土线路畅通。

（11）降排水系统正常运转。

（12）管线改移、保护全部完成，并落实好开挖过程中的加固保护措施。

5.1.2　质量要点

（1）基坑开挖的轴线、长度、边坡坡率及基底标高应符合规范要求。

（2）当基坑用机械开挖至基底时，要预留 0.3～0.5m 厚土层用人工开挖以控制基底超挖，并不可扰动基底土，如发生超挖，应按设计规定处理。

（3）基坑开挖完成后，应由监理会同勘察、设计部门、建设单位及施工单位进行基底验槽，并做好验槽记录，当基底土质与设计不符时，要根据设计部门意见进行基底处理。

5.1.3　质量验收

（1）土方开挖前应检查定位放线、排水和降低地下水位系统，合理安排土方运输车的行走路线及弃土场。

（2）施工过程中应检查平面位置、水平标高、边坡坡度、压实度、排水、降低地下水位系统，并随时观测周围的环境变化。

（3）临时性挖方的边坡值应符合表 5-1 的规定。

表 5-1　临时性挖方边坡值

| 土的类别 | 边坡值（高∶宽） |
|---|---|
| 砂土（不包括细砂、粉砂） | 1∶1.25～1∶1.50 |

| 土的类别 | | 边坡值（高：宽） |
|---|---|---|
| 一般性黏土 | 硬 | 1：0.75～1：1.00 |
| | 硬、塑 | 1：1.00～1：1.25 |
| | 软 | 1：1.50 或更缓 |
| 碎石类土 | 充填坚硬、硬塑黏性土 | 1：0.50～1：1.00 |
| | 充填砂土 | 1：1.00～1：1.50 |

注：1. 设计有要求时，应符合设计标准。

2. 如采用降水或其他加固措施，可不受本表限制，但应计算复核。

3. 开挖深度，对软土不应超过 4m，对硬土不应超过 8m。

（4）土方开挖工程的质量检验标准应符合表5-2的规定。

表5-2　土方开挖工程质量检验标准　　　（mm）

| 项目 | 序号 | 项目 | 允许偏差或允许值 | | | | | 检验方法 |
|---|---|---|---|---|---|---|---|---|
| | | | 校基坑基槽 | 挖方场地平整 | | 管沟 | 地（路）面基层 | |
| | | | | 人工 | 机械 | | | |
| 主控项目 | 1 | 标高 | −50 | ±30 | ±50 | −50 | −50 | 水准仪 |
| | 2 | 长度、宽度（由设计中心线向两边量） | +200 −50 | +300 −100 | +500 −150 | +100 | — | 经纬仪，用钢尺量 |
| | 3 | 边坡 | 设计要求 | | | | | 观察或用坡度尺检查 |
| 一般项目 | 1 | 表面平整度 | 20 | 20 | 50 | 20 | 20 | 用 2m 靠尺和楔形塞尺检查 |
| | 2 | 基底土性 | 设计要求 | | | | | 观察或土样分析 |

注：地（路）面基层的偏差只适用于直接在挖、填方上做地（路）面的基层。

### 5.1.4 安全与环保措施

（1）安全掩护措施：积土、料具的堆放应距分开挖口边沿3～5m才满足安全的需要，在基坑上口采取钢管及密网式安全网进行安全围护并在显明的位置设置各种安全标记，夜间时设置照明灯及在基坑四周设置红色警示灯，防止人员的坠落。在基坑土方开挖进程中应严厉依照操作规程进行，严禁偷岩取土及不按规定加设支持的施工方法，在施工进程中要经常检讨边坡的稳固性，特殊是在暴雨过后要马上进行巡查，发明隐情应立即进行肃清，不留任何安全隐患在施工现场。施工用电、洞口防护等其他项目标安全注意事项及保护措施均同整体项目标施工组织设计方案中的多种安全技巧措施。

（2）环境维护办法：根据有关法律法规，树立基坑土方开挖的环保义务制。在土方开挖外运堆放时应到有关部门进行申报登记备案，在施工现场进出口大门位置设置洗车台及沉淀池，每车土方外运应到洗车台位进行冲刷，车轮不得有土壤上路，防止污染城市途径。由于土方工程且有部分土方堆放在现场，所以施工现场的环境卫生工作难度较大，但也应部署专人对大门进口处、各种排水管道，排水集水坑等地位进行土壤杂物清算，坚持排水畅通，防止脏水四处乱流而影响施工现场的环境卫生，另外其他需进行环境维护的各种计划及办法均同于总体的施工组织设计。

## 5.2 土方回填

### 5.2.1 施工要点

（1）回填土：宜优先利用基槽中挖出的优质土。回填土内不得含有有机杂质，粒径不应大于 50mm，含水量应符合压实要求。

（2）填土材料如无设计要求，应符合下列规定：

①碎石、砂土（使用细、粉砂时应取得设计单位同意）和爆破石渣，可作表层以下的填料；

②含水量符合压实要求的黏性土，可作各层的填料；

③碎块草皮和有机含量大于 8%的土，仅用于无压实要求的填方；

④淤泥和淤泥质土一般不能用作填料，但在软土或沼泽地区，经过处理且含水量符合压实要求的，可用于填方次要的部位。

（3）基础、地下构筑物及地下防水层、保护层等已进行检查和办好隐蔽验收手续，且结构已达到规定强度，基础分部经质监站验收通过。

5.2.2 质量要点

（1）回填土的压实系数应符合设计要求，当设计无要求时应不小于 0.90。

（2）采用人工夯实时，回填部位每层铺土厚度不得超过 200mm，夯实厚度不得超过 150mm。采用平碾或振动压实机时，回填部位每层铺土厚度不得超过 350mm，压实厚度不得超过 300mm。

5.2.3 质量验收

（1）土方回填前应清除基底的垃圾、树根等杂物，抽除坑穴积水、淤泥，验收基底标高。如在耕植土或松土上填方，应在基底压实后再进行。

（2）对填方土料应按设计要求验收后方可填入。

（3）填方施工过程中应检查排水措施，每层填筑厚度、含水量控制、压实程度。填筑厚度及压实遍数应根据土质，压实系数及所用机具确定。如无试验依据，应符合表 5-3 的规定。

表 5-3　填土施工时的分层厚度及压实遍数

| 压实机具 | 分层厚度（mm） | 每层压实遍数 |
|---|---|---|
| 平碾 | 250～300 | 6～8 |
| 振动压实机 | 250～350 | 3～4 |
| 柴油打夯机 | 200～250 | 3～4 |
| 人工打夯 | ＜200 | 3～4 |

（4）填方施工结束后，应检查标高、边坡坡度、压实程度等，检验标准应符合表 5-4 的规定。

表 5-4　填土工程质量检验标准　　　　　　　（mm）

| 项目 | 序号 | 检查项目 | 允许偏差或允许值 | | | | | 检查方法 |
|---|---|---|---|---|---|---|---|---|
| | | | 桩基基坑基槽 | 场地平整 | | 管沟 | 地（路）面基础层 | |
| | | | | 人工 | 机械 | | | |
| 主控项目 | 1 | 标高 | −50 | ±30 | ±50 | −50 | −50 | 水准仪 |
| | 2 | 分层压实系数 | 设计要求 | | | | | 按规定方法 |
| 一般项目 | 1 | 回填土料 | 设计要求 | | | | | 取样检查或直观鉴别 |
| | 2 | 分层厚度及含水量 | 设计要求 | | | | | 水准仪及抽样检查 |
| | 3 | 表面平整度 | 20 | 20 | 30 | 20 | 20 | 用靠尺或水准仪 |

### 5.2.4　安全与环保措施

（1）基坑回填过程中，应有专职安全人员在现场负责安全监督，有专业电工对现场夯实机械进行用电维护，确保回填作业安全顺利进行。

（2）挖掘机装车不得过满，运输车采用封闭式自卸汽车，在车辆出口处由专人清扫车辆。现场门口必须设置醒目的提示牌，以提示司机及有关人员在执行运输任务时注意防止遗洒。

（3）大门口设汽车轮胎清洗装置，自卸车先经过铁算，除去车轮上的部分泥土，开进洗车台进行冲洗，洗车台外侧铺设草帘，用以吸收轮胎的水分，减少车轮胎泥污染路面。

（4）施工作业产生的污水，必须经沉淀池沉淀后方可排入市政污水管道。施工污水严禁流出施工区域，污染环境。

# 6 暗挖法施工

## 6.1 顶管法施工

6.1.1 施工要点

（1）顶进钢管采用钢丝网水泥砂浆和肋板保护层时，焊接后应补做焊口处的外防腐层。

（2）采用钢筋混凝土管时，其接口处理应符合下列规定：

①管节未进入土层前，接口外侧应垫麻丝、油毡或木垫板，管口内侧应留有 10～20mm 的空隙；顶紧后两管间的孔隙宜为 10～15mm；

②管节入土后，管节相邻接口处安装内胀圈时，应使管节接口位于内胀圈的中部，并将内胀圈与管道之间的缝隙用木楔塞紧。

（3）采用 T 形钢套环橡胶圈防水接口时，应符合下列规定：

①混凝土管节表面应光洁、平整，无砂眼、气泡；接口尺寸符合规定；

②橡胶圈的外观和断面组织应致密、均匀，无裂缝、孔隙或凹痕等缺陷；安装前应保持清洁，无油污，且不得在阳光下直晒；

③钢套环接口无疵点，焊接接缝平整，肋部与钢板平面

79

垂直，且应按设计规定进行防腐处理；

④木衬垫的厚度应与设计顶进力相适应。

（4）采用橡胶圈密封的企口或防水接口时，应符合下列规定：

①粘结木衬垫时凹凸口应对中，环向间隙应均匀；

②插入前，滑动面可涂润滑剂；插入时，外力应均匀；

③安装后，发现橡胶圈出现位移、扭转或露出管外，应拔出重新安装。

（5）掘进机进入土层后的管端处理应符合下列规定：

①进入接收坑的顶管掘进机和管端下部应设枕垫；

②管道两端露在工作坑中的长度不得小于 0.5m，且不得有接口；

③钢筋混凝土管道端部应及时浇筑混凝土基础。

（6）在管道顶进的全部过程中，应控制顶管掘进机前进的方向，并应根据测量结果分析偏差产生的原因和发展趋势，确定纠偏的措施。

（7）管道顶进过程中，顶管掘进机的中心和高程测量应符合下列规定：

①采用手工掘进时，顶管掘进机进入土层过程中，每顶进 300mm，测量不应少于一次；管道进入土层后正常顶进时，每顶进 1000mm，测量不应少于一次；纠偏时应增加测量次数；

②全段顶完后，应在每个管节接口处测量其轴线位置和高程；有错口时，应测出相对高差；

③测量记录应完整、清晰。

（8）纠偏时应符合下列规定：

①应在顶进中纠偏；

②应采用小角度逐渐纠偏；

③纠正顶管掘进机旋转时，宜采用挖土方法进行调整或采用改变切削刀盘的转动方向，或在管内相对于机头旋转的反向增加配重。

（9）顶管穿越铁路或公路时，除应遵守相关规范要求外，并应符合铁路或公路有关技术安全规定。

（10）管道顶进应连续作业。如遇下列情况时，应暂停顶进，并应及时处理；

①顶管掘进机前方遇到障碍；

②后背墙变形严重；

③顶铁发生扭曲现象；

④管位偏差过大且校正无效；

⑤顶力超过管端的允许顶力；

⑥油泵、油路发生异常现象；

⑦接缝中漏泥浆。

（11）顶进过程中的方向控制应满足下列要求：

①有严格的放样复核制度，并做好原始记录。顶进前必须遵守严格的放样复测制度，坚持三级复测：施工组测量员→项目管理部→监理工程师，确保测量万无一失。

②必须避免布设在工作井后方的后座墙在顶进时移位和变形，必须定时复测并及时调整。

③顶进纠偏必须勤测量、多微调，纠偏角度应保持 $10°\sim20°$，不得大于 $0.5°$。并设置偏差警戒线。

④初始推进阶段，方向主要是主顶千斤顶控制，一方面要减慢主顶推进速度，另一方面要不断调整油缸编组和机头纠偏。

⑤开始顶进前必须制订坡度计划，对每一米、每节管的位置、标高需事先计算，确保顶进时正确，以最终符合设计

坡度要求和质量标准为原则。

### 6.1.2 质量要点

（1）为了满足顶管施工精度要求，在施工中必须对以下参数进行测量：

①顶进方向的垂直偏差；

②顶进方向的水平偏差；

③顶管机机身的转动；

④顶管机的姿态；

⑤顶进长度。

（2）管道顶进过程中，应遵循"勤测量、勤纠偏、微纠偏"的原则，控制顶管机前进方法和姿态，并应根据测量结果分析偏差产生的原因和发展趋势，确定纠偏的措施。

（3）在软土层中顶进混凝土管时，为防止关节飘逸，宜将前3～5节管体与顶管机联成一体。

### 6.1.3 质量验收

（1）所有顶管设备必须经检验合格后方可进入施工现场，并应进行单机、整机联动调试。

（2）给水排水管道顶管工程施工质量验收应在施工单位自检基础上，按验收批、分项工程、单位工程的顺序进行，并应符合下列规定：

①工程施工质量应符合本规程和相关国家和地方验收规范的规定；

②工程施工质量应符合工程勘察、设计文件的要求；

③参加工程施工质量验收的各方人员应具备相应的资格；

④涉及结构安全和使用功能的试块、试件和现场检测项目，应按规定进行平行检测或见证取样检测；

⑤验收批的质量应按主控项目和一般项目进行验收；

82

⑥承担检测的单位应具有相应的资质；

⑦外观质量应由质量验收人员通过现场检查共同确认。

（3）分项工程质量验收应符合下列规定：

①分项工程所含的验收批的质量验收全部合格；

②分项工程所含的验收批的质量验收记录应完整、正确；有关质量保证资料和试验检测资料应齐全、正确。

（4）验收批质量验收应符合下列规定：

①主控项目质量经抽样检验合格；

②主要工程材料的进场验收和复验合格，试块、试件检验合格；

③主要工程材料的质量保证资料以及相关试验检测资料齐全、正确；具有完整的施工操作依据和质量检查记录。

（5）分部工程质量验收应符合下列规定：

①分部工程所含分项工程的质量验收全部合格；

②质量控制资料应完整；

③分部工程中，混凝土强度、管道接口连接、管道位置及高程、管道设备安装调试、水压试验等的检验和抽样检测结果应符合《给水排水管道工程施工及验收规范》（GB 50268）的规定。

（6）单位工程质量验收应符合下列规定：

①单位工程所含分部工程质量验收全部合格；

②质量控制资料应完整；

③单位工程所含分部工程有关安全及使用功能的检测资料应完整；

④外观质量验收应符合要求。

（7）顶管工程质量验收不合格时，应按下列规定处理：

①经返工重做或更换管节、管件、管道设备等的验收

批，应重新进行验收；

②经有相应资质的检测单位检测鉴定能够达到设计要求的验收批，应予以验收；

③经有相应资质的检测单位检测鉴定达不到设计要求，但经原设计单位验算认可，能够满足结构安全和使用功能要求的验收批，可予以验收；

④经返修或加固处理的分项工程、分部工程，改变外形尺寸但仍能满足结构安全和使用功能要求，可按技术处理方案文件和协商文件进行验收。

（8）通过返修或加固处理仍不能满足结构安全或使用功能要求的分部工程、单位工程，不得通过验收。

（9）单位工程经施工单位自行检验合格后，应由施工单位向建设单位提出验收申请。对符合竣工验收条件的单位工程，应由建设单位按规定组织验收。勘察、设计、施工、监理等单位等以及该工程等管理或使用单位有关人员应参加验收。

（10）工程质量验收。

① 工作井的围护结构、井内结构施工质量验收标准应按现行国家标准《建筑地基工程施工质量验收标准》（GB 50202）、《给水排水构筑物工程施工及验收规范》（GB 50141）的相关规定执行。

②工作井应符合下列规定：

A. 工程原材料、成品、半成品的产品质量应符合国家相关标准规定和设计要求；

B. 工作井结构的强度、刚度和尺寸应满足设计要求，结构无滴漏和线流现象；

C. 混凝土结构的抗压强度等级、抗渗等级符合设计要求；

D. 结构无明显渗水和水珠现象；

E. 顶管顶进工作井的后背墙应坚实、平整；后座与井壁后背墙联系紧密；

F. 两导轨应顺直、平行、等高；导轨与基座连接应牢固可靠，不得在使用中产生位移；

G. 工作井施工的允许偏差应符合表 6-1 的规定。

表 6-1　工作井施工的允许偏差

| 检查项目 | | | 允许偏差（mm） | 检查数量 | | 检查方法 |
|---|---|---|---|---|---|---|
| | | | | 范围 | 点数 | |
| 1 | 井内导轨安装 | 顶面高程 | +3.0 | 每座 | 每根导轨2点 | 用水准仪测量、水平尺量测 |
| | | 中心水平位置 | 3 | | 每根导轨2点 | 用经纬仪测量 |
| | | 两轨间距 | ±2 | | 2个断面 | 用钢尺量测 |
| 2 | 井尺寸 | 矩形 每侧长、宽 | 不小于设计要求 | 每座 | 2点 | 挂中线用尺量测 |
| | | 圆形 半径 | | | | |
| 3 | 工作井和接收井预留洞口 | 中心位置 | 20 | 每个 | 竖、水平各1点 | 用经纬仪测量 |
| | | 内径尺寸 | ±20 | | 垂直向各1点 | 用钢尺量测 |
| 4 | 井底板高程 | | ±30 | 每座 | 4点 | 用水准仪测量 |
| 5 | 工作井后背墙 | 垂直度 | $0.1\%h_2$ | 每座 | 1 | 用垂线、角尺量测 |
| | | 水平扭转度 | $0.1\%L_h$ | | | |

注：$h_2$ 为后背墙的高度（mm）；$L_h$ 为后背墙的宽度（mm）。

（11）顶管管道应符合下列规定：

①管节及附件等工程材料的产品质量应符合国家有关标

准的规定和设计要求；

②接口橡胶圈安装位置正确，无位移、脱落现象；钢管的接口焊接应符合《给水排水管道工程施工及验收规范》（GB 50268）的相关规定，焊缝无损检验符合设计要求；

③无压管道的管底坡度无明显反坡现象；曲线顶管的实际曲率半径符合设计要求；

④竣工后管道密封性功能验收合格；

⑤管道内应线形平顺、无突变、变形现象；一般缺陷部位应修补密实、表面光洁；管道无明显渗水和水珠现象；

⑥管道与工作井出、进洞口的间隙连接牢固，洞口无渗漏水；

⑦钢管防腐层及焊缝处的外防腐层质量验收合格；

⑧有内防腐层的钢筋混凝土管道，防腐层应完整、附着紧密；

⑨管道内应清洁，无杂物、油污；

⑩顶进贯通后的管道允许偏差应符合表 6-2 的规定。

表 6-2　顶管管道顶进允许偏差 　　　　　（mm）

| 检查项目 | | | 允许偏差 | | 检查频率 | | 检查方法 |
|---|---|---|---|---|---|---|---|
| | | | 玻璃纤维增强塑料夹砂管，钢筋混凝土管 | 钢管 | 范围 | 点数 | |
| 1 | 直线顶管水平轴线 | 顶进长度＜300m | 50 | 130 | 每管节 | 1点 | 用经纬仪，或挂中线用尺测量 |
| | | 300m≤顶进长度＜1000m | 100 | 200 | | | |
| | | 顶进长度≥1000m | $L/10$ | $100+L/10$ | | | |

| 检查项目 | | | 允许偏差 | | 检查频率 | | 检查方法 |
|---|---|---|---|---|---|---|---|
| | | | 玻璃纤维增强塑料夹砂管，钢筋混凝土管 | 钢管 | 范围 | 点数 | |
| 2 | 直线顶管内底高程 | 顶进长度<300m | $D_0<1500$ | +30，−40 | +60，−60 | 每管节 | 1点 | 用水准仪或水平仪测量 |
| | | | $D_0\geqslant1500$ | +40，−50 | +80，−80 | | | |
| | | 300m≤顶进长度<1000m | | +60，−80 | +100，−100 | | | 用水准仪测量 |
| | | 顶进长度≥1000m | | +80，−100 | +150，−100，−L/10 | | | |
| 3 | 曲线顶管水平轴线 | $R\leqslant150D_0$ | 水平曲线 | 150 | | | | 用经纬仪测量 |
| | | | 竖曲线 | 150 | | | | |
| | | | 复合曲线 | 200 | | | | |
| | | $R>150D_0$ | 水平曲线 | 150 | | | | |
| | | | 竖曲线 | 150 | | | | |
| | | | 复合曲线 | 150 | | | | |
| 4 | 曲线顶管内底高程 | $R\leqslant150D_0$ | 水平曲线 | +100，−150 | | | | 用水准仪测量 |
| | | | 竖曲线 | +150，−200 | | | | |
| | | | 复合曲线 | ±200 | | | | |
| | | $R>150D_0$ | 水平曲线 | +100，−150 | | | | |
| | | | 竖曲线 | +100，−150 | | | | |
| | | | 复合曲线 | ±200 | | | | |

| 检查项目 | | 允许偏差 | | 检查频率 | | 检查方法 |
|---|---|---|---|---|---|---|
| | | 玻璃纤维增强塑料夹砂管，钢筋混凝土管 | 钢管 | 范围 | 点数 | |
| 5 | 相邻管间错口 | 钢管、玻璃纤维增强塑料夹砂管 | ≤2 | | 每管节 | 1点 | 用尺测量 |
| | | 钢筋混凝土管 | 15%壁厚，且≤20 | | | |
| 6 | 钢筋混凝土管曲线顶管相邻管间接口的最大间隙与最小间隙之差 | | ≤ΔS | | | |
| 7 | 钢管、玻璃纤维增强塑料夹砂管管道环向变形 | | ≤0.03$D_0$ | | | |
| 8 | 对顶时两端错口 | | 50 | | | |

注：1. $L$——顶进长度（m）；$D_0$——管道外径（mm）；$\Delta S$——曲线顶管相邻管节接口允许的最大间隙与最小间隙之差（mm），一般可取 1/2 的木垫圈厚度；$R$——曲线顶管的设计曲线半径（mm）。

2. 对于长距离的直线钢顶管，除应满足水平轴线和高程允许偏差外，尚应限制曲率半径 $R_1$；当 $D_0 \leqslant 1600$ 时，应满足 $R_1 \geqslant 2080m$；当 $D_0 > 1600$ 时，应满足 $R_1 \geqslant 1260 D_0$。

（12）管线竣工测量。

①工程验收阶段应由管线建设单位委托有相应测绘资质的第三方测量单位进行管线竣工测量。

②管线竣工图应包括综合管线图、专业管线图和管线横断面图。

③管线竣工图宜采用 1：200～1：1000 比例尺地形图作为工作地图。

④管线竣工测量应符合《城市地下管线探测技术规程》（CJJ 61）的相关规定。

## 6.1.4 安全与环保措施

（1）管内供电系统必须配备可靠的触电、漏电保护装置。井上井下与管内照明用电采用 36V 的低压行灯。施工中保证高压电缆、配电箱具有良好的绝缘性能，电缆接头连接方便可靠，电器设备的检修维护必须有专人负责。同时作业人员必须具备高压电操作技能，做到持证上岗。

（2）顶管施工中钢管节需在地面吊运入井，垂直运输十分频繁。故极易发生坠物伤人事故。因此施工中在井四周设安全挡板，防止井边坠物伤人；起重履带吊等设备有限位保险装置，不带病、超负荷工作并定期检修：履带吊操作由专人持证上岗：吊装时，施工现场有两名指挥，井上下各一名：定期检查料索具，发现断丝超标、钢丝绳棱角边损坏等现象，及时报废更换；同时加强施工人员教育，严禁向下抛物。

（3）施工弃土、弃渣、废料及时妥善处理，运土汽车应加盖篷布，以防尘土扬洒。严禁乱取乱弃，破坏自然环境。

（4）施工期间，噪声应满足《建筑施工场界环境噪声排放标准》（GB 12523）的要求，为减少工程施工噪声、震动对环境的影响，采取有效措施，合理安排施工时间，尽量避开居民休息时间，限制夜间进行强噪声、震动污染严重的施工作业，做到文明施工；施工车辆，特别是重型车辆的运行途径，尽量避开噪声敏感区；将施工场的固定噪声源相对集中；施工机械尽量采取液压设备。

（5）施工过程中尽量减少对周围自然环境的破坏，施工临时用地，完工后恢复本来面貌。

## 6.2 盾构法施工

### 6.2.1 施工要点

（1）盾构现场组装完成后应对各系统进行调试并验收。

（2）掘进施工可划分为始发、掘进和接收阶段。施工中，应根据各阶段施工特点及施工安全、工程质量和环保要求等采取针对性施工技术措施。

（3）试掘进应在盾构起始段 50～200m 进行。试掘进应根据试掘进情况调整并确定掘进参数。

（4）掘进施工应控制排土量、盾构姿态和地层变形。

（5）管片拼装时应停止掘进，并应保持盾构姿态稳定。

（6）掘进过程中应对已成环管片与地层的间隙充填注浆。

（7）掘进过程中，盾构与后配套设备、抽排水与通风设备、水平运输与垂直运输设备、泥浆管道输送设备和供电系统等应能正常运转。

（8）掘进过程中遇到下列情况之一时，应及时处理：

①盾构前方地层发生拥塌或遇有障碍；

②盾构壳体滚转角达到 3°；

③盾构轴线偏离隧道轴线达到 50mm；

④盾构推力与预计值相差较大；

⑤管片严重开裂或严重错台；

⑥壁后注浆系统发生故障无法注浆；

⑦盾构掘进扭矩发生异常波动；

⑧动力系统、密封系统和控制系统等发生故障。

（9）在曲线段施工时，应采取措施减小已成环管片竖向位移和横向位移对隧道轴线的影响。

（10）掘进应按设定的掘进参数沿隧道设计轴线进行，并行记录。

（11）根据横向、竖向偏差和滚转角偏差，应采取措施调整盾构姿态，并应防止过量纠偏。

（12）当停止掘进时，应采取措施稳定开挖面。

（13）应对盾构姿态和管片状态进行复核测量。

（14）盾构组装与调试。

①组装前应完成下列准备工作：

A. 根据盾构部件情况和场地条件，制定组装方案；

B. 根据部件尺寸和重量选择组装设备；

C. 核实起吊位置的地基承载力。

②盾构组装应按作业安全操作规程和组装方案进行。

③现场应配备消防设备，明火、电焊作业时，必须有专人负责。

④组装后，应先进行各系统的空载调试，然后应进行整机空载调试。

（15）盾构现场验收

①盾构现场验收应满足盾构设计的主要功能及工程使用要求，验收项目应包括下列内容：

A. 盾构壳体；

B. 刀盘；

C. 管片拼装机；

D. 螺旋输送机（土压平衡盾构）；

E. 皮带输送机（土压平衡盾构）；

F. 泥水输送系统（泥水平衡盾构）；

G. 泥水处理系统（泥水平衡盾构）；

H. 同步注浆系统；

I. 集中润滑系统；

J. 液压系统；

K. 镜接装置；

L. 电气系统；

M. 渣土改良系统；

N. 盾尾密封系统。

②当盾构各系统验收合格并确认正常运转后，方可开始掘进施工。

③当盾构现场验收时，应记录运转状况和掘进情况，并应进行评估，满足技术要求后方可验收。

（16）盾构始发掘进。

①盾构掘进前如需破除洞门，应在节点验收后进行。

②始发掘进前，应对洞门外经改良后的土体进行质量检查，合格后方可始发掘进；应制定洞门围护结构破除方案，并应采取密封措施保证始发安全。

③始发掘进前，反力架应进行安全验算。

④始发掘进时，应对盾构姿态进行复核。

⑤当负环管片定位时，管片环面应与隧道轴线相适应。拆除前，应验算成型隧道管片与地层间的摩擦力，并应满足盾构掘进反力的要求。

⑥当分体始发掘进时，应保护盾构的各种管线，及时跟进后配套设备，并应确定管片拼装、壁后注浆、出土和材料运输等作业方式。

⑦盾尾密封刷进入洞门结构后，应进行洞门圈间隙的封堵和填充注浆。注浆完成后方可掘进。

⑧始发掘进时应控制盾构姿态和推力，加强监测，并应

根据监测结果调整掘进参数。

（17）土压平衡盾构掘进。

①开挖渣土应充满土仓，渣土形成的土仓压力应与刀盘开挖面外的水土压力平衡，并应使排土量与开挖土量相平衡。

②应根据隧道工程地质和水文地质条件、埋深、线路平面与坡度、地表环境、施工监测结果、盾构姿态以及始发掘进阶段的经验，设定盾构刀盘转速、掘进速度和土仓压力等掘进参数。

③掘进中应监测和记录盾构运转情况、掘进参数变化和排出渣土状况，并应及时分析反馈，调整掘进参数和控制盾构姿态。

④应根据工程地质和水文地质条件，向刀盘前方及土仓注入添加剂，渣土应处于流塑状态。

（18）泥水平衡盾构掘进。

①泥浆压力与开挖面的水土压力应保持平衡，排出渣土量与开挖渣土量应保持平衡，并应根据掘进状况进行调整和控制。

②应根据工程地质条件，经试验确定泥浆参数，应对泥浆性能进行检测，并实施泥浆动态管理。

③应根据隧道工程地质与水文地质条件、隧道埋深、线路平面与坡度、地表环境、施工监测结果、盾构姿态和盾构始发掘进阶段的经验，设定盾构刀盘转速、掘进速度、泥水仓压力和送排泥水流量等掘进参数。

④泥水管路延伸和更换，应在泥水管路完全卸压后进行。

⑤泥水分离设备应满足地层粒径分离要求，处理能力应

满足最大排渣量的要求，渣土的存放和运输应符合环境保护要求。

（19）盾构姿态控制。

①应通过调整盾构掘进液压缸和较接液压缸的行程差控制。

②盾构姿态。

③应实时测量盾构里程、轴线偏差、俯仰角、方位角、滚转角和盾尾管片间隙，应根据测量数据和隧道轴线线型，选择管片型号。

④应对盾构姿态及管片状态进行测量和复核，并记录。

⑤纠偏时应控制单次纠偏量，应逐环和小量纠偏，不得过量纠偏。

⑥根据盾构的横向和竖向偏差及滚转角，调整盾构姿态可采取液压缸分组控制或使用仿形刀适量超挖或反转刀盘等措施。

（20）开仓作业。

①宜预先确定开仓作业的地点和方法，并应进行相关准备工作。

②开仓作业地点宜选择在工作井、地层较稳定或地面环境保护要求低的地段。

③开仓作业前，应对开挖面稳定性进行判定。

④当在不稳定地层开仓作业时，应采取地层加固或压气法等措施，确保开挖面稳定。

⑤气压作业前，应完成下列准备工作：

A. 应对带压开仓作业设备进行全面检查和试运行；

B. 应配置备用电源和气源，保证不间断供气；

C. 应制定专项方案与安全操作规定。

⑥气压作业前，开挖仓内气压必须通过计算和试验确定。

⑦气压作业应符合下列规定：

A. 刀盘前方的地层、开挖仓、地层与盾构壳体间应满足气密性要求；

B. 应按施工专项方案和安全操作规定作业；

C. 应由专业技术人员对开挖面稳定状态和刀盘、刀具磨损状况进行检查；

D. 作业期间应保持开挖面和开挖仓通风换气，通风换气应减小气压波动范围；

E. 进仓人员作业时间应符合国家现行标准《空气潜水减压技术要求》（GB/T 12521）和《盾构法开仓及气压作业技术规范》（CJJ 217）的规定。

⑧开仓作业应进行记录。

（21）盾构接收。

①盾构接收可分为常规接收、钢套筒接收和水（土）中接收。

②盾构接收前，应对洞口段土体进行质量检查，合格后方可接收掘进。

③当盾构到达接收工作井 100m 时，应对盾构姿态进行测量和调整。

④当盾构到达接收工作井 10m 内，应控制掘进速度和土仓压力等。

⑤当盾构到达接收工作井时，应使管片环缝挤压密实，确保密封防水效果。

⑥盾构主机进入接收工作井后，应及时密封管片环与洞门间隙。

（22）调头、过站和空推。

①调头和过站前，应进行施工现场调查、编制技术方案及现场准备工作。调头和过站设备应满足安全要求。

②调头和过站时应有专人指挥，专人观察盾构的移动状态，避免方向偏离或碰撞。

③掉头和过站后应完成盾构管线的连接工作，连接后应按相关规范要求执行。

④盾构空推应符合下列规定：

A. 导台或导向轨道水平和竖直方向的精度应满足设计要求；

B. 应控制盾构推力、速度和姿态，并应监测管片变形；

C. 应采取措施挤紧管片防水密封条，并应保持隧道稳定。

（23）盾构解体。

①盾构解体前，应制定解体方案，并应准备解体使用的吊装设备、工具和材料等。

②盾构解体前，应对各部件进行检查，并应对流体系统和电气系统进行标识。

③对已拆卸的零部件应进行清理。

## 6.2.2 质量要点

（1）盾构设备制造质量，必须符合设计要求，整机总装调试合格，经现场试掘进 50～100m 距离合格后方可正式验收。

（2）盾构组装时的各项技术指标应达到总装时的精度标准，配套系统应符合规定，组装完毕经检查合格后方可使用，盾构使用应经常检查、维修和保养。

（3）盾构掘进施工必须严格控制排土量、盾构姿态和地层变形。

（4）盾构进出洞时应视地质和现场以及盾构形式等条件对工作井洞内外的一定范围内的地层进行必要的地基加固，并对洞圈间隙采取密封措施，确保盾构的施工安全。

（5）在盾构推进施工中应及时进行各项中间隐蔽工程的验收，并填写下列记录：

①竖井井位坐标；

②竖井预留的洞圈制作精度和就位后标高、坐标；

③预制管片的钢模质量；

④盾构推进施工的各类报表；

⑤内衬施工前，应对模板、预埋件等进行检查验收。

（6）盾构机进出竖井洞前，必须对洞口土体进行加固处理，以防止洞门打开时土体和地下水涌入竖井内引起地面坍陷和危及盾构施工。

（7）隧道洞口土体加固方法、范围和封门形式应根据地质、洞口尺寸、覆土厚度和地面环境等条件确定。

（8）检查盾构始发的准备工作，测量盾构机始发的姿态（盾构机垂直姿态略高于设计轴线 $0 \sim 30\text{mm}$，防止"栽头"），检查盾构机防滚转措施及负环管片、始发台的稳定性；检查反力架刚度。最后一层钢筋的割除，应自下而上进行才比较安全。

（9）盾构工作竖井地面上应设防雨棚，井口应设防淹墙和安全栏杆。

（10）在盾构推进过程中应控制盾构轴线与设计轴线的偏离值，使之在允许范围内。

（11）盾构中途停顿较长时，开挖面及盾尾采取防止土体流失的措施。

（12）盾构掘进临近工作竖井一定距离时应控制其出土量并加强线路中线及高程测量。距封门 500mm 左右时停止前进，拆除封门后应连续掘进并拼装管片。

（13）盾构掘进速度，应与地表控制的隆陷值、进出土量、正面土压平衡调整值及同步注浆等相协调，如盾构停歇时间较长时，必须及时封闭正面土体。

（14）盾构机到达检查进站的准备工作，测量盾构机接收架位置和盾构机姿态（盾构机垂直姿态略高于设计轴线 0～30mm，防止"栽头"），确保两个姿态一致（接收架垂直姿态要略低于盾构姿态，以使盾构顺利爬上接收架）；检查接收台的固定牢靠，防止盾构在推力作用下发生位移；检查进站前约 10 环的管片是否对纵向进行加强连接，防止盾构在推力下降时发生管片"松脱"渗水和减轻盾构姿态发生突变时的管片错台、破损。盾构机应慢速进站，直到盾构安全上到托架。

（15）盾构掘进中遇有下列情况之时，应停止掘进，分析原因并采取措施：

①盾构前发生坍塌或遇有障碍；

②盾构自转角过大；

③盾构位置偏离过大；

④盾构推力较设计的增大；

⑤可能发生危及管片防水、运输及注浆遇有障碍等。

（16）在施工过程中应严格控制土压值，保持压力稳定。

（17）带压更换刀具必须符合施工规范的相关规定。

（18）盾构推进应严格控制中线平面位置和高程，其允许偏差均为±50mm。发现偏离应逐步纠正，不得猛纠硬调。

（19）管片拼装。

①必须使用质量合格的管片和防水密封条。

②管片在送入拼装机时，前面不得有人，管片旋转及径向没有进入已拼好管片端头时，在拼装机下方严禁人员进出站立。

③管片拼装应严格按拼装设计要求进行，管片不得有内外贯穿裂缝和宽度大于 0.2mm 的裂缝及混凝土剥落现象。

④管片拼装后，应做好记录，并进行检验，其质量应符合下列规定：

A. 管片拼装允许偏差为高程和平面±50mm，每环相邻管片平整度 4mm，纵向相邻环环面平整度 5mm，衬砌环直径椭圆度为隧道外直径的 5‰；

B. 螺栓应拧紧，环向及纵向螺栓应全部穿进。

⑤当管片表面出现缺棱掉角、混凝土剥落、大于 0.2mm 的裂缝或贯穿性裂缝等缺陷时，必须进行修补。管片修补时，应分析管片破损原因及程度，制定修补方案。修补材料强度不应低于管片强度。

（20）壁后注浆。

①向管片外压浆工艺，应根据所建工程对隧道变形及地层沉降的控制要求，选择同步注浆或壁后注浆，一次压浆或多次压浆。

②衬砌管片脱出盾尾后，应配合地面量测及时进行壁后注浆。

③注浆的浆液应根据地质、地面超载及变形速度等条件选用，其配合比应经试验确定。

④注浆时壁后空隙应全部充填密实，注浆量充填系数宜为 1.30～2.50。壁孔注浆宜从隧道两腰开始，注完顶部再注底部，当有条件时可多点同时进行。注浆后应将壁孔封闭。同步注浆时各注浆管应同时进行。以达到防水和防止隧

道结构及地面沉降的目的。

⑤每环压浆量应保证地表沉降控制在各工程环境保护要求的规定内。压浆机压力以控制地表变形为原则，压力应均匀以免损坏管片。

⑥壁后注浆施工的注意事项。

A. 严格遵循材料混合顺序。如果违背壁后注浆的用料混合顺序，则无法达到预期的效果。如水（W）、膨润土（B）、水泥（C）之间混合顺序变动，则流动度的值、析水率将显著变化，必须充分注意。

B. 材料的准确计量：粉体材料放置时间长，由于受潮比重会发生变化。应定期测量粉体材料的比重，以修正计量系统。计量器具也必须经常维护，调节检查其精度。

⑦在小曲率半径施工中壁后注浆应采用早期强度高的浆液、急凝砂浆和双液浆为好，以获得合格的盾构的推进反力。事先应制定注浆的正确方案。

⑧在各种特殊地层中的壁后注浆，要充分认识地层的特性，制定详细方案和施工步骤。通过采取调整浆液参数、选择合理注浆点、改变注浆方式、控制注浆时间和压力等措施来控制注浆质量。

⑨壁后注浆的质量管理。壁后注浆液的流动性、强度、收缩率、凝胶时间（即开始防水又没硬化的时间）等性能是选择浆液的重要因素，直接关系到地层的沉降、漏水、漏气等性能，必须定期对注入浆液进行试验检查。

⑩浆液的主要试验项目有流动度、黏性、析水率、凝胶时间、强度等。施工时必须使用检查合格的计量器，保证配比的准确性。

（21）施工防水。

①盾构法施工的隧道防水包括管片本体防水、管片接缝防水和隧道渗漏处理三项内容。隧道防水的质量验收合格标准为：不得有线流、滴漏和漏泥沙，隧道内面平均漏水量不超过 0.1L/（m² · d）。

②接缝防水密封垫的构造形式、密封垫材料的性能与截面尺寸必须符合设计要求。

③钢筋混凝土管片粘贴防水密封条前应将槽内清理干净，粘贴应牢固、平整、严密、位置正确，不得有起鼓、超长和缺口等现象。

④钢筋混凝土管片拼装前应逐块对粘贴的防水密封条进行检查，拼装时不得损坏防水密封条，当隧道基本稳定后应及时进行嵌缝防水处理。

⑤钢筋混凝土管片拼装接缝连接螺栓孔之间应按设计加设防水垫圈。必要时，螺栓孔与螺杆间应采取封堵措施。

⑥预制钢筋混凝土管片的接缝（一次衬砌）必须用设计规定的材料完成嵌缝及堵漏工作，以确保现浇内衬混凝土浇捣的防水质量。

⑦管片衬砌的所有预埋件、手孔、螺栓孔等应按图纸要求进行防水、防腐等处理工作。

⑧遇有变形缝、柔性接头等特殊结构处，除按图进行结构施工外，还必须严格按图纸的防水处理要求落实。

⑨竖井与隧道结合处，宜采用柔性材料处理，并宜加固竖井洞圈周围土体。在软土地层距结合处一定范围内的衬砌段落，宜增设变形缝或采用适应变形量大的密封条。

⑩所采用的防水材料，都应检查和保存成品和半成品的质量合格证书或检验报告，按设计要求和生产厂的质量指标分批进行抽查，特别是水膨胀橡胶制品必须进行抽检。

⑪采用水膨胀橡胶定型制品防水材料，其出厂运输和存放须做好防潮措施，并设专门库房存放，以免失效。

⑫遇变形缝、柔性接头等处，管片接缝防水的处理应按设计图纸要求实施。

⑬管片防水密封垫粘贴后，在运输、堆放、拼装前应注意防雨措施并逐块检查防水材料（包括传力衬垫材料）的完整和位置，发现问题及时修补。管片拼装时必须保护防水材料不被破坏，并严防脱槽、扭曲和位移现象的发生，必要时使用减摩剂、缓膨剂。如发现损坏防水材料，轻则修补，重则重新调换，以确保管片接缝防水质量。

### 6.2.3　质量验收

（1）结构表面应无贯穿性裂缝、无缺棱掉角，管片接缝应符合设计要求。

检验数量：全数检验。

检验方法：观察检验，检查施工记录。

（2）隧道防水应符合设计要求。

检验数量：逐环检验。

检验方法：观察检验，检查施工记录。

（3）隧道轴线平面位置和高程偏差应符合表 6-3 的规定。

**表 6-3　隧道轴线平面位置和高程偏差**　　（mm）

| 检验项目 | 允许偏差 | | | | | | 检验方法 | 检验数量 |
|---|---|---|---|---|---|---|---|---|
| | 地铁隧道 | 公路隧道 | 铁路隧道 | 水工隧道 | 市政隧道 | 油气隧道 | | |
| 隧道轴线平面位置 | ±100 | ±150 | ±120 | ±150 | ±150 | ±150 | 用全站仪测中线 | 10 环 |
| 隧道轴线高程 | ±100 | ±150 | ±120 | ±150 | ±150 | ±150 | 用水准仪测高程 | 10 环 |

（4）衬砌结构严禁侵入建筑限界。

检验数量：每 5 环检验 1 次。

检验方法：全站仪、水准仪等测量。

（5）隧道允许偏差应符合表 6-4 的规定。

表 6-4　隧道允许偏差

| 检验项目 | 允许偏差 | | | | | | 检验方法 | 检验数量 | |
| --- | --- | --- | --- | --- | --- | --- | --- | --- | --- |
| | 地铁隧道 | 公路隧道 | 铁路隧道 | 水工隧道 | 市政隧道 | 油气隧道 | | | |
| 衬砌环椭圆度（‰） | ±6 | ±8 | ±6 | ±10 | ±8 | ±8 | 断面仪、全站仪测量 | 10 环 | — |
| 衬砌环内错台（mm） | 10 | 12 | 12 | 15 | 15 | 15 | 尺量 | 10 环 | 4 点/环 |
| 衬砌环间错台（mm） | 15 | 17 | 17 | 20 | 20 | 20 | 尺量 | 10 环 | 4 点/环 |

## 6.2.4　安全与环保措施

（1）施工前，应根据盾构设备状况、地质条件、施工方法、进度和隧道掘进长度等条件，选择通风方式、通风设备和隧道内温度控制措施。

（2）隧道内作业场所应设置照明和消防设施，并应配备通信设备和应急照明。

（3）隧道和工作井内应设置足够的排水设备。

（4）隧道内作业位置与场所应保证作业通道畅通。

（5）当存在可燃性或有害气体时，应使用专用仪器进行检测，并应加强通风措施，气体浓度应控制在安全允许范围内。

（6）施工作业环境气体应符合下列规定：

①空气中氧气含量不得低于 20％（按体积计）。

②甲：境浓度应小于 0.5％（按体积计）。

③有害气体容许浓度应符合下列规定：

A. 一氧化碳不应超过 $30mg/m^3$；

B. 二氧化碳不应超过 0.5％（按体积计）；

C. 氮氧化物换算成二氧化氮不应超过 $5mg/m^3$。

④粉尘容许浓度，空气中含有 10％及以上的游离二氧化硅的粉尘不得大于 2mg/时，空气中含有 10％以下的游离二氧化硅的矿物性粉尘不得大于 $4mg/m^3$。

（7）隧道内空气温度不应高于 32℃。

（8）隧道内噪声不应大于 90dB。

（9）施工通风应符合下列规定：

①宜采取机械通风方式；

②按隧道内施工高峰期人数计，每人需供应新鲜空气不应小于 $3m^3/min$，隧道最低风速不应小于 0.25m/s。

（10）施工中产生的废渣和废水等应及时处置。

（11）施工中，应采取措施避免施工噪声、振动、水质和土壤污染及地表下沉等对周边环境造成影响。

# 7 施工监测

## 7.1 施工要点

7.1.1 一般规定

（1）基坑工程监测点的布置应最大限度地反映监测对象的实际状态及其变化趋势，并应满足监控要求。

（2）基坑工程监测点的布置应不妨碍监测对象的正常工作，并尽量减少对施工作业的不利影响。

（3）监测标志应稳固、明显、结构合理，监测点的位置应避开障碍物，便于观测。

（4）在监测对象内力和变形变化大的代表性部位及周边重点监护部位，监测点应适当加密。

（5）应加强对监测点的保护，必要时应设置监测点的保护装置或保护设施。

7.1.2 基坑及支护结构

（1）基坑边坡顶部的水平位移和竖向位移监测点应沿基坑周边布置，基坑周边中部、阳角处应布置监测点。监测点间距不宜大于20m，每边监测点数目不应少于3个。监测点宜设置在基坑边坡坡顶上。

（2）围护墙顶部的水平位移和竖向位移监测点应沿围护墙的周边布置，围护墙周边中部、阳角处应布置监测点。监测点间距不宜大于20m，每边监测点数目不应少于3个。监测点宜设置在冠梁上。

（3）深层水平位移监测孔宜布置在基坑边坡、围护墙周边的中心处及代表性的部位，数量和间距视具体情况而定，但每边至少应设 1 个监测孔。当用测斜仪观测深层水平位移时，设置在围护墙内的测斜管深度不宜小于围护墙的入土深度；设置在土体内的测斜管应保证有足够的入土深度，保证管端嵌入到稳定的土体中。

（4）围护墙内力监测点应布置在受力、变形较大且有代表性的部位，监测点数量和横向间距视具体情况而定，但每边至少应设 1 处监测点。竖直方向监测点应布置在弯矩较大处，监测点间距宜为 3～5m。

（5）支撑内力监测点的布置应符合下列要求：

① 监测点宜设置在支撑内力较大或在整个支撑系统中起关键作用的杆件上；

② 每道支撑的内力监测点不应少于 3 个，各道支撑的监测点位置宜在竖向保持一致；

③ 钢支撑的监测截面根据测试仪器宜布置在支撑长度的 1/3 部位或支撑的端头。钢筋混凝土支撑的监测截面宜布置在支撑长度的 1/3 部位；

④ 每个监测点截面内传感器的设置数量及布置应满足不同传感器测试要求。

（6）立柱的竖向位移监测点宜布置在基坑中部、多根支撑交汇处、施工栈桥下、地质条件复杂处的立柱上，监测点不宜少于立柱总根数的 10%，逆作法施工的基坑不宜少于 20%，且不应少于 5 根。

（7）锚杆的拉力监测点应选择在受力较大且有代表性的位置，基坑每边跨中部位和地质条件复杂的区域宜布置监测点。每层锚杆的拉力监测点数量应为该层锚杆总数的1%～3%，并不应少于3根。每层监测点在竖向上的位置宜保持一致。每根杆体上的测试点应设置在锚头附近位置。

（8）土钉的拉力监测点应沿基坑周边布置，基坑周边中部、阳角处宜布置监测点。监测点水平间距不宜大于30m，每层监测点数目不应少于3个。各层监测点在竖向上的位置宜保持一致。每根杆体上的测试点应设置在受力、变形有代表性的位置。

（9）基坑底部隆起监测点应符合下列要求：

① 监测点宜按纵向或横向剖面布置，剖面应选择在基坑的中央、距坑底边约1/4坑底宽度处以及其他能反映变形特征的位置。数量不应少于2个。纵向或横向有多个监测剖面时，其间距宜为20～50m；

② 同一剖面上监测点横向间距宜为10～20m，数量不宜少于3个。

（10）围护墙侧向土压力监测点的布置应符合下列要求：

① 监测点应布置在受力、土质条件变化较大或有代表性的部位；

② 平面布置上基坑每边不宜少于2个测点。在竖向布置上，测点间距宜为2～5m，测点下部宜密；

③ 当按土层分布情况布设时，每层应至少布设1个测点，且布置在各层土的中部；

④ 土压力盒应紧贴围护墙布置，宜预设在围护墙的迎土面一侧。

（11）孔隙水压力监测点宜布置在基坑受力、变形较大或有代表性的部位。监测点竖向布置宜在水压力变化影响深度范围内按土层分布情况布设，监测点竖向间距一般为2～5m，并不宜少于3个。

（12）基坑内地下水位监测点的布置应符合下列要求：

① 当采用深井降水时，水位监测点宜布置在基坑中央和两相邻降水井的中间部位；当采用轻型井点、喷射井点降水时，水位监测点宜布置在基坑中央和周边拐角处，监测点数量视具体情况确定；

② 水位监测管的埋置深度（管底标高）应在最低设计水位之下3～5m。对于需要降低承压水水位的基坑工程，水位监测管埋置深度应满足降水设计要求。

（13）基坑外地下水位监测点的布置应符合下列要求：

① 水位监测点应沿基坑周边、被保护对象（如建筑物、地下管线等）周边或在两者之间布置，监测点间距宜为20～50m。相邻建（构）筑物、重要的地下管线或管线密集处应布置水位监测点；如有止水帷幕，宜布置在止水帷幕的外侧约2m处。

② 水位监测管的埋置深度（管底标高）应在控制地下水位之下3～5m。对于需要降低承压水水位的基坑工程，水位监测管埋置深度应满足设计要求；

③ 回灌井点观测井应设置在回灌井点与被保护对象之间。

## 7.2　质量要点

### 7.2.1　水平位移监测

（1）测定特定方向上的水平位移时可采用视准线法、小角度法、投点法等；测定监测点任意方向的水平位移时可视监测点的分布情况，采用前方交会法、后方交会法、极坐标法等；当测点与基准点无法通视或距离较远时，可采用GPS测量法或三角、三边、边角测量与基准线法相结合的综合测量方法。

（2）水平位移监测基准点的埋设应按现行标准《建筑变形测量规范》（JGJ 8）执行，宜设置有强制对中的观测墩，并宜采用精密的光学对中装置，对中误差不宜大于0.5mm。

（3）基坑围护墙（边坡）顶部水平位移监测精度应根据围护墙（边坡）顶部水平位移报警值按表7-1确定。

表7-1　基坑围护墙（边坡）顶部水平
位移监测精度要求　　　　（mm）

| 水平位移报警值（mm） | ≤30 | 30～60 | ＞60 |
|---|---|---|---|
| 监测点坐标中误差 | ≤1.5 | ≤3.0 | ≤6.0 |

注：1. 监测点坐标中误差，系指监测点相对测站点（如工作基点等）的坐标中误差，为点位中误差的 $1/\sqrt{2}$；

2. 以中误差作为衡量精度的标准。

（4）管线水平位移监测的精度不宜低于1.5mm。

7.2.2　竖向位移监测

（1）竖向位移监测可采用几何水准或液体静力水准等方法。

（2）坑底隆起（回弹）宜通过设置回弹监测标，采用几何水准并配合传递高程的辅助设备进行监测，传递高程的金属杆或钢尺等应进行温度、尺长和拉力等项修正。

围护墙（边坡）顶部、立柱及基坑周边地表的竖向位移监测精度应根据竖向位移报警值按表7-2确定。

表 7-2　围护墙（坡）顶、立柱及基坑周边
地表的竖向位移监测精度要求　　　　（mm）

| 竖向位移报警值 | ≤20（35） | 20～40（35～60） | ≥40（60） |
|---|---|---|---|
| 监测点测站高差中误差 | ≤0.3 | ≤0.5 | ≤1.0 |

注：1. 监测点测站高差中误差系指相应精度与视距的几何水准测量单程一测
　　　站的高差中误差；
　　2. 括号内数值对应于立柱及基坑周边地表的竖向位移报警值。

（3）管线竖向位移监测的精度不宜低于 1.0mm。

（4）坑底隆起（回弹）监测的精度应符合表 7-3 的
要求。

表 7-3　坑底隆起（回弹）监测的精度要求　　　（mm）

| 坑底回弹（隆起）报警值 | ≤40 | 40～60 | 60～80 |
|---|---|---|---|
| 监测点测站高差中误差 | ≤1.0 | ≤2.0 | ≤3.0 |

（5）各监测点与水准基准点或工作基点应组成闭合环路
或附合水准路线。

7.2.3　深层水平位移监测

（1）围护墙深层水平位移的监测宜采用在墙体或土体中
预埋测斜管、通过测斜仪观测各深度处水平位移的方法。

（2）测斜仪的系统精度不宜低于 0.25mm/m，分辨率
不宜低于 0.02mm/500mm。

（3）测斜管应在基坑开挖 1 周前埋设，埋设时应符合下
列要求：

① 埋设前应检查测斜管质量，测斜管连接时应保证上、
下管段的导槽相互对准、顺畅，各段接头及管底应保证
密封；

② 测斜管埋设时应保持竖直，防止发生上浮、断裂、

扭转；测斜管一对导槽的方向应与所需测量的位移方向保持一致；

③ 当采用钻孔法埋设时，测斜管与钻孔之间的孔隙应填充密实。

（4）测斜仪探头置入测斜管底后，应待探头接近管内温度时再量测，每个监测方向均应进行正、反两次量测。

（5）当以上部管口作为深层水平位移的起算点时，每次监测均应测定管口坐标的变化并修正。

7.2.4 倾斜监测

（1）建筑倾斜观测应根据现场观测条件和要求，选用投点法、前方交会法、激光铅直仪法、垂吊法、倾斜仪法和差异沉降法等。

（2）建筑倾斜观测精度应符合现行国家标准《工程测量规范》（GB 50026）和行业标准《建筑变形测量规范》（JGJ 8）的有关规定。

7.2.5 裂缝监测

（1）裂缝监测应监测裂缝的位置、走向、长度、宽度，必要时尚应监测裂缝深度。

（2）基坑开挖前应记录监测对象已有裂缝的分布位置和数量，测定其走向、长度、宽度和深度等情况，监测标志应具有可供量测的明晰端面或中心。

（3）裂缝监测可采用以下方法：

① 裂缝宽度监测宜在裂缝两侧贴埋标志，用千分尺或游标卡尺等直接量测，也可用裂缝计、粘贴安装千分表量测或摄影量测等；

② 裂缝长度监测宜采用直接量测法；

③裂缝深度监测宜采用超声波法、凿出法等。

（4）裂缝宽度量测精度不宜低于 0.1mm，裂缝长度和深度量测精度不宜低于 1mm。

### 7.2.6 支护结构内力监测

（1）支护结构内力可采用安装在结构内部或表面的应变计或应力计进行量测。

（2）混凝土构件可采用钢筋应力计或混凝土应变计等量测；钢构件可采用轴力计或应变计等量测。

（3）内力监测值应考虑温度变化等因素的影响。

（4）应力计或应变计的量程宜为设计值的 2 倍，精度不宜低于 0.5%F·S，分辨率不宜低于 0.2%F·S。

（5）内力监测传感器埋设前应进行性能检验和编号。

（6）内力监测传感器宜在基坑开挖前至少 1 周埋设，并取开挖前连续 2 d 获得的稳定测试数据的平均值作为初始值。

### 7.2.7 土压力监测

（1）土压力宜采用土压力计量测。

（2）土压力计的量程应满足被测压力的要求，其上限可取设计压力的 2 倍，精度不宜低于 0.5%F·S，分辨率不低于 0.2%F·S。

（3）土压力计埋设可采用埋入式或边界式。埋设时应符合下列要求：

① 受力面与所监测的压力方向垂直并紧贴被监测对象；

② 埋设过程中应有土压力膜保护措施；

③ 采用钻孔法埋设时，回填应均匀密实，且回填材料宜与周围岩土体一致；

④ 做好完整的埋设记录。

（4）土压力计埋设以后应立即进行检查测试，基坑开挖前应至少经过 1 周时间的监测并取得稳定初始值。

7.2.8 孔隙水压力监测

（1）孔隙水压力宜通过埋设钢弦式或应变式等孔隙水压力计测试。

（2）孔隙水压力计应满足以下要求：量程满足被测压力范围的要求，可取静水压力与超孔隙水压力之和的 2 倍；精度不宜低于 0.5%F·S，分辨率不宜低于 0.2%F·S。

（3）孔隙水压力计埋设可采用压入法、钻孔法等。

（4）孔隙水压力计应事前埋设，埋设前应符合下列要求：

① 孔隙水压力计应浸泡饱和，排除透水石中的气泡；

② 核查标定数据，记录探头编号，测读初始读数。

（5）采用钻孔法埋设孔隙水压力计时，钻孔直径宜为 110～130mm，不宜使用泥浆护壁成孔，钻孔应圆直、干净；封口材料宜采用直径 10～20mm 的干燥膨润土球。

（6）孔隙水压力计埋设后应测量初始值，且宜逐日量测 1 周以上并取得稳定初始值。

（7）应在孔隙水压力监测的同时测量孔隙水压力计埋设位置附近的地下水位。

7.2.9 地下水位监测

（1）地下水位监测宜通过孔内设置水位管，采用水位计进行量测。

（2）地下水位量测精度不宜低于 10mm。

（3）潜水水位管应在基坑施工前埋设，滤管长度应满足量测要求；承压水位监测时被测含水层与其他含水层之间应采取有效的隔水措施。

（4）水位管宜在基坑开始降水前至少 1 周埋设，并逐日连续观测水位取得稳定初始值。

7.2.10 锚杆及土钉内力监测

（1）锚杆和土钉的内力监测宜采用专用测力计、钢筋应力计或应变计，当使用钢筋束时宜监测每根钢筋的受力。

（2）专用测力计、钢筋应力计和应变计的量程宜为对应设计值的 2 倍，量测精度不宜低于 0.5%F·S，分辨率不宜低于 0.2%F·S。

（3）锚杆或土钉施工完成后应对专用测力计、应力计或应变计进行检查测试，并取下一层土方开挖前连续 2 d 获得的稳定测试数据的平均值作为其初始值。

7.2.11 土体分层竖向位移监测

（1）土体分层竖向位移可通过埋设分层沉降磁环或深层沉降标，采用分层沉降仪结合水准测量方法进行量测。

（2）分层竖向位移标应在基坑开挖前至少 1 周埋设。沉降磁环可通过钻孔和分层沉降管定位埋设。沉降管安置到位后应使磁环与土层粘结牢固。

（3）土体分层竖向位移的初始值应在分层竖向位移标埋设稳定后量测，稳定时间不应少于 1 周并获得稳定的初始值；监测精度不宜低于 1.5mm。

（4）每次测量应重复进行 2 次并取其平均值作为测量结果，2 次读数较差应不大于 1.5mm。

（5）采用分层沉降仪法监测时，每次监测均应测定管口高程的变化，并换算出测管内各监测点的高程。

# 8 地下防水工程

## 8.1 主体结构防水施工

### 8.1.1 防水混凝土

1. 施工要点

（1）防水混凝土施工前应做好降排水工作，不得在有积水的环境中浇筑混凝土。

（2）使用减水剂时，减水剂宜配置成一定浓度的溶液。

（3）防水混凝土应分层连续浇筑，分层厚度不得大于 500mm。

（4）用于防水混凝土的模板应拼缝严密、支撑牢固。

（5）防水混凝土拌和物应采用机械搅拌，搅拌时间不宜少于 2min。掺外加剂时，搅拌时间应根据外加剂的技术要求确定。

（6）防水混凝土拌和物在运输后如出现离析，必须进行二次搅拌。当坍落度损失后不能满足施工要求时，应加入原水胶比的水泥浆或掺加同品种的减水剂进行搅拌，严禁直接加水。

（7）防水混凝土应采用机械振捣，避免漏振、欠振和超振。

（8）防水混凝土应连续浇筑，宜少留施工缝。当留设施工缝时，应符合下列规定：

① 墙体水平施工缝不应留在剪力最大处或底板与侧墙的交接处，应留在高出底板表面不小于 300mm 的墙体上。拱（板）墙结合的水平施工缝，宜留在拱（板）墙接缝线以下 150～300mm 处。墙体有预留孔洞时，施工缝距孔洞边缘不应小于 300mm。

② 垂直施工缝应避开地下水和裂隙水较多的地段，并宜与变形缝相结合。

（9）厚度大于 800mm 的明挖法底板，厚度大于 500mm（含 500mm）的侧墙和顶板，必须按照大体积混凝土考虑，采取混凝土缓凝措施。

（10）高温季节应尽量降低混凝土的入模温度（不宜超过 30℃），尽量避开高温时浇筑混凝土，宜在气温较低的夜间浇筑混凝土。

（11）宜优先采用钢模板，模板的安装应执行《混凝土结构工程施工质量验收规范》（GB 50204）、《地下铁道工程施工及验收规范》（GB 50299）的规定。混凝土浇筑前应对支架、模板、钢筋、保护层和预埋件等分别进行检查和验收，模板内的杂物、积水和钢筋上的污垢应清理干净；模板如有缝隙，应填塞严密，模板内面应涂刷脱模剂。混凝土浇筑区域及其浇筑顺序等应考虑工程设计条件、混凝土供给能力、运输、浇筑机械能力、气候条件、施工管理水平等因素。

（12）混凝土的拆模与养护计划应考虑到气候条件、工程部位和断面、养护龄期等，必须达到有关规范对混凝土拆模时强度的要求。

2. 质量要点

（1）防水混凝土可通过调整配合比，或掺加外加剂、掺和料等措施配制而成，其抗渗等级不得小于 P6。

（2）防水混凝土的施工配合比应通过试验确定，试配混凝土的抗渗等级应比设计要求提高 0.2MPa。

（3）防水混凝土应满足抗渗等级要求，并应根据地下工程所处的环境和工作条件，满足抗压、抗冻和抗蚀性等耐久性要求。

（4）防水混凝土的设计抗渗等级，应符合表 8-1 的规定。

表 8-1　防水混凝土设计抗渗等级

| 工程埋置深度 $H$（m） | 设计抗渗等级 |
| --- | --- |
| $H<10$ | P6 |
| $10\leqslant H<20$ | P8 |
| $20\leqslant H<30$ | P10 |
| $H\geqslant 30$ | P12 |

注：1. 本表适用于Ⅰ、Ⅱ、Ⅲ类围岩（土层及软弱围岩）。
　　2. 山岭隧道防水混凝土的抗渗等级可按国家现行有关标准执行。

（5）防水混凝土的环境温度不得高于 80℃；处于侵蚀性介质中防水混凝土的耐侵蚀要求应根据介质的性质按有关标准执行。

（6）防水混凝土结构底板的混凝土垫层，强度等级不应小于 C15，厚度不应小于 100mm，在软弱土层中不应小于 150mm。

（7）防水混凝土结构，应符合下列规定：

① 结构厚度不应小于 250mm；

② 裂缝宽度不得大于 0.2mm，并不得贯通；

③ 钢筋保护层厚度应根据结构的耐久性和工程环境选用，迎水面钢筋保护层厚度不应小于 50mm。

3. 质量验收

(1) 防水混凝土适用于抗渗等级不小于 P6 的地下混凝土结构，不适用于环境温度高于 80℃ 的地下工程。处于侵蚀性介质中，防水混凝土的耐侵蚀性要求应符合现行国家标准《工业建筑防腐蚀设计规范》（GB 50046）和《混凝土结构耐久性设计规范》（GB 50476）的有关规定。

(2) 水泥的选择应符合下列规定：

① 宜采用普通硅酸盐水泥或硅酸盐水泥，采用其他品种水泥时应经试验确定；

② 在受侵蚀介质作用时，应按介质的性质选用相应的水泥品种；

③ 不得使用过期或受潮结块的水泥，并不得将不同品种或强度等级的水泥混合使用；

(3) 砂、石的选择应符合下列规定：

① 砂宜选用中粗砂，含泥量不应大于 3.0%，泥块含量不宜大于 1.0%；

② 不宜使用海砂；在没有使用河砂的条件时，应对海砂进行处理后才能使用，且控制氯离子含量不得大于 0.06%；

③ 碎石或卵石的粒径宜为 5~40mm，含泥量不应大于 1.0%，泥块含量不应大于 0.5%；

④ 对长期处于潮湿环境的重要结构混凝土用砂、石，应进行碱活性检验。

(4) 矿物掺和料的选择应符合下列规定：

① 粉煤灰的级别不应低于 Ⅱ 级，烧失量不应大于 5%；

② 硅粉的比表面积不应小于 15000m³/kg，二氧化硅含量不应小于 85%；

③ 粒化高炉矿渣粉的品质要求应符合现行国家标准《用于水泥、砂浆和混凝土中的粒化高炉矿渣粉》（GB/T 18046）的有关规定。

（5）混凝土拌合用水，应符合现行行业标准《混凝土用水标准》（JGJ 63）的有关规定。

（6）外加剂的选择应符合下列规定：

① 外加剂的品种和用量应经试验确定，并符合现行国家标准《混凝土外加剂应用技术规范》（GB 50119）的质量规定；

② 掺加引气剂或引气型减水剂的混凝土，其含气量宜控制为 3%～5%；

③ 考虑外加剂对硬化混凝土收缩性能的影响；

④ 严禁使用对人体产生危害、对环境产生污染的外加剂。

（7）防水混凝土的配合比应经试验确定，并应符合下列规定：

① 试配要求的抗渗水压值应比设计值提高 0.2MPa；

② 混凝土胶凝材料总量不宜小于 320kg/m³，其中水泥用量不宜小于 260kg/m³，粉煤灰掺量宜为胶凝材料总量的 20%～30%，硅粉的掺量宜为胶凝材料的 2%～5%；

③ 水胶比不得大于 0.50，有侵蚀性介质时水胶比不宜大于 0.45；

④ 砂率宜为 35%～40%，泵送时可增至 45%；

⑤ 灰砂比宜为 1∶1.5～1∶2.5；

⑥ 混凝土拌和物的氯离子含量不应超过胶凝材料总量的 0.1%；混凝土中各类材料的总碱量即氧化钠当量不得大于 3kg/m³。

（8）防水混凝土采用预拌混凝土时，入泵坍落度宜控制在 120～160mm，坍落度每小时损失不应大于 20mm，坍落度总损失值不应大于 40mm。

（9）混凝土拌制和浇筑过程控制应符合下列规定：

① 拌制混凝土所用材料的品种、规格和用量，每工作班检查不应少于 2 次。每盘混凝土组成材料计量结果的允许偏差应符合表 8-2 的规定。

表 8-2　混凝土组成材料计量结果的允许偏差　　（%）

| 混凝土组成材料 | 每盘计量 | 累计计量 |
|---|---|---|
| 水泥、掺和料 | ±2 | ±1 |
| 粗、细骨料 | ±3 | ±2 |
| 水、外加剂 | ±2 | ±1 |

注：累计计量仅适用于微机控制计量的搅拌站。

② 混凝土在浇筑地点的坍落度，每工作班至少检查两次，坍落度试验应符合现行国家标准《普通混凝土拌和物性能试验方法标准》（GB/T 50080）的有关规定。混凝土坍落度允许偏差应符合表 8-3 的规定。

表 8-3　混凝土坍落度允许偏差　　（mm）

| 规定坍落度 | 允许偏差 |
|---|---|
| ≤40 | ±10 |
| 50～90 | ±15 |
| >90 | ±20 |

③ 泵送混凝土在交货地点的入泵坍落度，每工作班至少检查 2 次。混凝土入泵时的坍落度允许偏差应符合表 8-4 的规定。

表 8-4　混凝土入泵时的坍落度允许偏差值　　　（mm）

| 所需坍落度 | 允许偏差 |
|---|---|
| ≤100 | ±20 |
| >100 | ±30 |

④ 当防水混凝土拌和物在运输后出现离析时，必须进行二次搅拌。当坍落度损失后不能满足施工要求时，应加入原水胶比的水泥浆或掺加同品种的减水剂进行搅拌，严禁直接加水。

（10）防水混凝土抗压强度试件，应在混凝土浇筑地点随机取样后制作，并应符合下列规定：

① 同一工程、同一配合比的混凝土，取样频率与试件留置组数应符合现行国家标准《混凝土结构工程施工质量验收规范》（GB 50204）的有关规定；

② 抗压强度试验应符合现行国家标准《普通混凝土力学性能试验方法标准》（GB/T 50081）的有关规定；

③ 结构构件的混凝土强度评定应符合现行国家标准《混凝土强度检验评定标准》（GB/T 50107）的有关规定。

（11）防水混凝土抗渗性能应采用标准条件下养护混凝土抗渗试件的试验结果评定，试件应在混凝土浇筑地点随机取样后制作，并应符合下列规定：

① 连续浇筑混凝土每 $500m^3$ 应留置一组 6 个抗渗试件，且每项工程不得少于两组；采用预拌混凝土的抗渗试件，留置组数应视结构的规模和要求而定；

② 抗渗性能试验应符合现行国家标准《普通混凝土长期性能和耐久性能试验方法标准》（GB/T 50082）的有关规定。

（12）大体积防水混凝土的施工应采取材料选择、温度控制、保温保湿等技术措施。在设计许可的情况下，掺粉煤灰混凝土设计强度等级的龄期宜为 60 d 或 90 d。

（13）防水混凝土分项工程检验批的抽样检验数量，应按混凝土外露面积每 100m² 抽查 1 处，每处 10m²，且不得少于3 处。

（14）防水混凝土的原材料、配合比及坍落度必须符合设计要求。

检验方法：检查产品合格证、产品性能检测报告、计量措施和材料进场检验报告。

（15）防水混凝土的抗压强度和抗渗性能必须符合设计要求。

检验方法：检查混凝土抗压强度、抗渗性能检验报告。

（16）防水混凝土结构的施工缝、变形缝、后浇带、穿墙管、埋设件等设置和构造必须符合设计要求。

检验方法：观察检查和检查隐蔽工程验收记录。

4. 安全与环保措施

（1）防水层所用材料和辅助材料均为易燃品，存放材料的仓库及施工现场内要严禁烟火；在施工现场存放的防水材料应远离火源。所有易燃物品材料必须存放在总包方指定的场地，并配备 10 个灭火器，消防斧、砂子。

（2）防水施工现场设置专人看火，每 600m² 配备一个灭火器。防水材料为易燃材料，作为危险源控制，在铺设作业区应注意采取防火措施，保护与明火作业面的安全距离，设专人防护，配备灭火器材，设应急照明设施。施工现场内严禁吸烟，防水施工 10m 范围内严禁明火操作。

（3）每次用完的施工工具，要及时用二甲苯等有机溶剂清洗干净，清洗后溶剂要注意保存或处理掉。

（4）夜间施工时必须有足够照明，并有专人进行指挥。

（5）在项目部及各工程队负责人中明确分工，落实文明施工现场责任区，制定相关规章制度，确保文明施工现场管理有章可循，确保施工期间做到便民、利民、不扰民。

（6）合理布置场地。各项临时设施必须符合规定标准，做到场地整洁、道路平顺、排水畅通、标志醒目、生产环境达到标准作业要求。

（7）施工现场坚持工完料清，垃圾杂物集中整齐堆放，及时处理。施工废水严禁任意排放，严格按照招标文件要求经处理达标后排放。

（8）不得随意丢弃生产垃圾，做到工完料净场地清。

（9）现场用材须堆放整齐，不得出现材料胡乱丢弃现象。

（10）各种施工机具使用完后不得随意堆放，应清洗干净后放在指定的堆放地点。

## 8.1.2 水泥砂浆防水层

### 1. 施工要点

（1）基层表面应平整、坚实、清洁，并应充分湿润、无明水。

（2）基层表面的孔洞、缝隙，应采用与防水层相同的防水砂浆堵塞并抹平。

（3）施工前应将预埋件、穿墙管预留凹槽内嵌填密封材料后，再施工水泥砂浆防水层。

（4）防水砂浆的配合比和施工方法应符合所掺材料的规定，其中聚合物水泥防水砂浆的用水量应包括乳液中的含水量。

（5）水泥砂浆防水层应分层铺抹或喷射，铺抹时应压

123

实、抹平，最后一层表面应提浆压光。

（6）聚合物水泥防水砂浆拌和后应在规定时间内用完，施工中不得任意加水。

（7）水泥砂浆防水层各层应紧密黏合，每层宜连续施工；必须留设施工缝时，应采用阶梯坡形槎，但离阴阳角处的距离不得小于200mm。

（8）水泥砂浆防水层不得在雨天、五级及以上大风中施工。冬期施工时，气温不应低于5℃。夏季不宜在30℃以上或烈日照射下施工。

（9）水泥砂浆防水层终凝后，应及时进行养护，养护温度不宜低于5℃，并应保持砂浆表面湿润，养护时间不得少于14d。聚合物水泥防水砂浆未达到硬化状态时，不得浇水养护或直接受雨水冲刷，硬化后应采用干湿交替的养护方法。潮湿环境下，可在自然条件下养护。

2. 质量要点

（1）水泥砂浆防水层应采用聚合物水泥防水砂浆、掺外加剂或掺和料的防水砂浆。

（2）水泥应使用普通硅酸盐水泥、硅酸盐水泥或特种水泥，不得使用过期或受潮结块的水泥。

（3）砂宜采用中砂，含泥量不应大于1.0%，硫化物及硫酸盐含量不应大于1.0%。

（4）用于拌制水泥砂浆的水，应采用不含有害物质的洁净水。

（5）聚合物乳液的外观为均匀液体，无杂质、无沉淀、不分层。

（6）外加剂的技术性能应符合现行国家或行业有关标准的质量要求。

3. 质量验收

（1）水泥砂浆的配制，应按所掺材料的技术要求准确计量。

（2）分层铺抹或喷涂，铺抹时应压实、抹平，最后一层表面应提浆压光。

（3）防水层各层应紧密黏合，每层宜连续施工；必须留设施工缝时，应采用阶梯坡形槎，但与阴阳角处的距离不得小于200mm。

（4）水泥砂浆终凝后应及时进行养护，养护温度不宜低于5℃，并应保持砂浆表面湿润，养护时间不得少于14d；聚合物水泥防水砂浆未达到硬化状态时，不得浇水养护或直接受雨水冲刷，硬化后应采用干湿交替的养护方法。潮湿环境中，可在自然条件下养护。

（5）水泥砂浆防水层分项工程检验批的抽样检验数量，应按施工面积每100m²抽查1处，每处10m²，且不得少于3处。

（6）防水砂浆的原材料及配合比必须符合设计规定。

检验方法：检查产品合格证、产品性能检测报告、计量措施和材料进场检验报告。

（7）防水砂浆的粘结强度和抗渗性能必须符合设计规定。

检验方法：检查砂浆粘结强度、抗渗性能检验报告。

（8）水泥砂浆防水层与基层之间应结合牢固，无空鼓现象。

检验方法：观察和用小锤轻击检查。

4. 安全与环保措施

（1）操作人员，应穿工作服、口罩、手套帆布脚盖等劳保用品；工作前手脸及外露皮肤应涂擦防护油膏等。

（2）妥善保管各种材料及用具，防止被其他人挪用而造成污染；施工时必须备齐各种落地材料的用具，及时收集落地材料，放入有毒有害垃圾池内。

（3）当天施工结束后剩余材料及工具应及时清理入库，不得随意放置。

（4）遇到五级大风或者比较恶劣天气时，必须停工。

### 8.1.3 卷材防水层

1. 施工要点

（1）卷材防水层的基层应坚实、平整、清洁，阴阳角处应做圆弧或折角，并应符合所用卷材的施工要求。

（2）铺设卷材严禁在雨天、雪天、五级及以上大风中施工；冷粘法、自粘法施工的环境气温不宜低于5℃，热熔法、焊接法施工的环境气温不宜低于−10℃。施工过程中下雨或下雪时，应做好已铺卷材的防护工作。

（3）不同品种防水卷材的搭接宽度，应符合表8-5的要求。

表8-5　防水卷材搭接宽度

| 卷材品种 | 搭接宽度（mm） |
|---|---|
| 弹性体改性沥青防水卷材 | 100 |
| 改性沥青聚乙烯胎防水卷材 | 100 |
| 自粘聚合物改性沥青防水卷材 | 80 |
| 三元乙丙橡胶防水卷材 | 100/60（胶粘剂/胶结带） |
| 聚氯乙烯防水卷材 | 60/80（单焊缝/双焊缝） |
| | 100（胶粘剂） |
| 聚乙烯丙纶复合防水卷材 | 100（粘结料） |
| 高分子自粘胶膜防水卷材 | 70/80（自粘胶/胶结带） |

（4）防水卷材施工前，基面应干净、干燥，并应涂刷基层处理剂；当基层潮湿时，应涂刷湿固化性胶粘剂或潮湿界面隔离剂。基层处理剂的配制与施工应符合下列要求：

① 基层处理剂应与卷材及其粘结材料的材性相容；

② 基层处理剂喷涂或刷涂应均匀一致，不应露底，表面干燥后方可铺贴卷材。

（5）铺贴各类防水卷材应符合下列规定：

① 应铺设卷材加强层。

② 结构底板垫层混凝土部位的卷材可采用空铺法或点粘法施工，其粘结位置、点粘面积应按设计要求确定；侧墙采用外防外贴法的卷材及顶板部位的卷材应采用满粘法施工。

③ 卷材与基面、卷材与卷材间的粘结应紧密、牢固；铺贴完成的卷材应平整顺直，搭接尺寸应准确，不得产生扭曲和皱折。

④ 卷材搭接处和接头部位应粘贴牢固，接缝口应封严或采用材性相容的密封材料封缝。

⑤ 铺贴立面卷材防水层时，应采取防止卷材下滑的措施。

⑥ 铺贴双层卷材时，上下两层和相邻两幅卷材的接缝应错开 $1/3 \sim 1/2$ 幅宽，且两层卷材不得相互垂直铺贴。

（6）弹性体改性沥青防水卷材和改性沥青聚乙烯胎防水卷材，搭接缝部位应溢出热熔的改性沥青。

（7）采用外防外贴法铺贴卷材防水层时，应符合下列规定：

① 应先铺平面，后铺立面，交接处应交叉搭接。

② 临时性保护墙宜采用石灰砂浆砌筑，内表面宜做找平面。

③ 从底面折向立面的卷材与永久性保护强的接触部位，应采用空铺法施工；卷材与临时性保护墙或围护结构模板的接触部位，应将卷材临时贴附在该墙上或模板上，并应将顶端临时固定。

④ 当不设保护墙时，从底面折向立面的卷材接槎部位应采取可靠的保护措施。

⑤ 混凝土结构完成，铺贴立面卷材时，应先将接槎部位的各层卷材揭开，并应将其表面清理干净，如卷材有局部损伤，应及时进行修补；卷材接槎的搭接长度，高聚物改性沥青类卷材应为 150mm，合成高分子类卷材应为 100mm；当使用两层卷材时，卷材应错槎接缝，上层卷材应盖过下层卷材。

（8）采用外防内贴法铺贴卷材防水层时，应符合下列规定：

① 混凝土结构的保护墙内表面应抹厚度为 20mm 的1∶3 水泥浆找平层，然后铺贴卷材。

② 卷材宜先铺立面，后铺平面；铺贴立面时，应先铺转角，后铺大面。

2. 质量要点

（1）卷材防水层适用于受侵蚀性介质作用或受震动作用的地下工程；卷材防水层应铺设在主体结构的迎水面。

（2）卷材防水层应采用高聚物改性沥青类防水卷材和合成高分子类防水卷材。所选用的基层处理剂、胶粘剂、密封材料等均应与铺贴的卷材相匹配。

（3）铺贴防水卷材前，基面应干净、干燥，并应涂刷基层处理剂；当基面潮湿时，应涂刷湿固化型胶粘剂或潮湿界面隔离剂。

（4）基层阴阳角应做成圆弧或 45°坡角，其尺寸应根据卷材品种确定；在转角处、变形缝、施工缝，穿墙管等部位应铺贴卷材加强层，加强层宽度不应小于 500mm。

3. 质量验收

（1）卷材防水层完工并经验收合格后应及时做保护层。保护层应符合下列规定：

① 顶板的细石混凝土保护层与防水层之间宜设置隔离层。细石混凝土保护层厚度：机械回填时不宜小于 70mm，人工回填时不宜小于 50mm；

② 底板的细石混凝土保护层厚度不应小于 50mm；

③ 侧墙宜采用软质保护材料或铺抹 20mm 厚 1∶2.5 水泥砂浆。

（2）卷材防水层分项工程检验批的抽样检验数量，应按铺贴面积每 $100m^2$ 抽查 1 处，每处 $10m^2$，且不得少于 3 处。

（3）卷材防水层所用卷材及其配套材料必须符合设计要求。

检验方法：检查产品合格证、产品性能检测报告和材料进场检验报告。

（4）卷材防水层在转角处、变形缝、施工缝、穿墙管等部位做法必须符合设计要求。

检验方法：观察检查和检查隐蔽工程验收记录。

4. 安全与环保措施

（1）防水卷材及其辅助材料均属易燃品，其存放仓库和施工现场内都要严禁烟火。

（2）指派专职的安全员进行管理，对于任何违章的事件必须严厉制止；施工作业现场，远离火源，挂灭火器材，严禁烟火，并严格控制施工用火。必须动火的要有动火证，并派专人监护；施工机械电力设备必须有专人操作，专人指挥并持上岗证，严禁无证上岗。

（3）施工过程中必须注意使用口罩、手套等劳动保护用品；操作时若皮肤沾上涂膜材料，应及时用沾有乙酸乙酯的棉纱擦除，再用肥皂和清水洗干净。

（4）操作人员在屋面周边高空作业时需戴好安全帽，系好安全带。

（5）当天施工之前需计算当天材料用量，限额领料，基本上做到当日用完。

（6）严禁在防水层上堆放物品。对剩余的有关材料机具进行清理，需要运回库房堆放的材料要及时运回，并安排专人进行保管，其余材料应在指定地点堆放整齐，并挂牌标识，做到工完场清；密封膏、胶粘剂及卷材切割后的废余料要集中堆放至指定地点或收回库房，集中处理，切勿随意乱扔乱堆；配制浆液的容器底下做好铺垫，以免搅拌过程中污染卷材或地面。

### 8.1.4　涂料防水层

1. 施工要点

（1）无机防水涂料基层表面应干净、平整、无浮浆和明显积水。

（2）有机防水涂料基层表面应基本干燥，不应有气孔、凹凸不平、蜂窝麻面等缺陷。涂料施工前，基层阴阳角应做成圆弧形。

（3）涂料防水层严禁在雨天、雾天、五级及以上大风时施工，不得在施工环境温度低于5℃及高于35℃或烈日暴晒时施工。涂膜固化前如有降雨可能时，应及时做好已完涂层的保护工作。

（4）防水涂料的配制应按涂料的技术要求进行。

（5）防水涂料应分层刷涂或喷涂，涂层应均匀，不得漏刷漏涂；接槎宽度不应小于 100mm。

（6）铺贴胎体增强材料时，应使胎体层充分浸透防水涂料，不得有露槎及褶皱。

（7）有机防水涂料施工完后应及时做保护层，保护层应符合下列规定：

① 底板、顶板应采用 20mm 厚 1∶2.5 水泥砂浆层和 40～50mm 厚的细石混凝土保护层，防水层与保护层之间宜设置隔离层；

② 侧墙背水面保护层应采用 20mm 厚 1∶2.5 水泥砂浆；

③ 侧墙迎水面保护层宜选用软质保护材料或 20mm 厚 1∶2.5 水泥砂浆。

2. 质量要点

（1）涂料防水层适用于受侵蚀性介质作用或受震动作用的地下工程；有机防水涂料宜用于主体结构的迎水面，无机防水涂料宜用于主体结构的迎水面或背水面。

（2）有机防水涂料应采用反应型、水乳型、聚合物水泥等涂料；无机防水涂料应采用掺外加剂、掺和料的水泥基防水涂料或水泥基渗透结晶型防水涂料。

（3）有机防水涂料基面应干燥。当基面较潮湿时，应涂刷湿固化型胶结剂或潮湿界面隔离剂；无机防水涂料施工前，基面应充分润湿，但不得有明水。

3. 质量验收

（1）涂料防水层完工并经验收合格后应及时做保护层。

（2）涂料防水层分项工程检验批的抽样检验数量，应按

涂层面积每 $100m^2$ 抽查 1 处，每处 $10m^2$，且不得少于 3 处。

（3）涂料防水层所用的材料及配合比必须符合设计要求。

检验方法：检查产品合格证、产品性能检测报告、计量措施和材料进场检验报告。

（4）涂料防水层的平均厚度应符合设计要求，最小厚度不得小于设计厚度的 90％。

检验方法：用针测法检查。

（5）涂料防水层在转角处、变形缝、施工缝、穿墙管等部位做法必须符合设计要求。

检验方法：观察检查和检查隐蔽工程验收记录。

4. 安全与环保措施

（1）施工时要使用有机溶剂，故应注意防火、施工人员应采取防护措施（戴手套、口罩、眼镜等），施工现场要求通风良好、以防溶剂中毒。

（2）如涂料粘在金属工具上固化，清洗困难时，可到指定的安全区点火焚烧，将其清除。

（3）参加屋面卷材施工的操作人员必须佩戴好安全帽、安全带等安全防护用品。

（4）屋面工程施工过程中应做好屋面的临边防护。

（5）用于操作人员上下的爬梯应安全牢固。

（6）以沥青为基料，用合成高分子聚合物进行性水乳型或溶剂型防水涂料。不但具有优良的耐水性抗渗性，且涂膜柔软、有高档防水卷材的功效，又有施工方便，潮湿基层可固成膜、粘结力强、可抵抗压力渗透、特别适用于复杂结构，可明显降低施工费用，用于各种材料表面，为新一代环保防水涂料。

## 8.2 细部构造防水施工

8.2.1 施工缝、变形缝、后浇带

1. 施工要点

1) 施工缝

(1) 墙体水平施工缝应留在剪力最小处或底板与侧墙的交接处,并在高出底板表面不小于300mm的墙体上。拱(板)墙结合的水平施工缝,宜留在拱(板)接缝线以下150~300mm处。

(2) 垂直施工缝应避开地下水和裂隙水较多的部位,并宜与变形缝相结合。

(3) 垂直施工缝浇注混凝土前,应将其表面清理干净并涂刷界面处理材料。

2) 变形缝

(1) 变形缝应满足密封防水、适应变形、施工方便、检查容易等要求。

(2) 变形缝的构造型式和材料,应根据工程特点、地基或结构变形情况以及水压、水质和防水等级确定。变形缝处混凝土的厚度不应小于300mm,变形缝设计的宽度宜为20~30mm。

(3) 对环境温度高于50℃处的变形缝,可采用1~2mm厚中间呈圆弧形的金属止水带。

3) 后浇带

(1) 后浇带应设在受力和变形较小的部位,宽度可为700~1000mm,不得设在变形缝部位。

(2) 后浇带可做平直缝或阶梯缝,结构主筋不宜在缝中断开。

（3）后浇带应在其两侧混凝土龄期不得少于 42d 再施工，即两侧混凝土干缩变形基本稳定后再施工。

（4）施工前应将接缝处的混凝土凿毛，清洗干净，保持湿润并刷水泥净浆；后浇带部位和外贴式止水带应予以保护，严防进入杂物。

（5）后浇带应采用补偿收缩混凝土浇筑，其强度等级和抗渗等级不应低于两侧混凝土。

（6）后浇带混凝土的养护时间不得少于 28d。

2. 质量要点

1）施工缝

施工缝防水一般可采用中埋式止水构件，也可设置全断面注浆管、遇水膨胀止水胶、遇水膨胀止水条等；施工缝结构断面需涂刷水泥基渗透结晶型防水涂料，用量一般为 $1.5\text{kg/m}^2$，或涂刷混凝土界面剂。

2）变形缝

现浇混凝土的管廊，变形缝设置一般为 30～40m，缝宽为 30mm；可采用中埋式橡胶止水带、钢边橡胶止水带或压差式橡胶止水带，均为中孔型。特殊情况时，在燃气仓或直排式雨水、污水仓，则中隔墙也需设置中埋式止水构件，因此在底板和顶板的止水带需采用 T 形接头。

3）后浇带

后浇带结构中部不适宜设置中埋式止水构件，否则会造成混凝土振捣困难；后浇带龄期较长，混凝土表面需要采取有效的临时保护措施，防止杂物渣土掉落。

3. 质量验收

1）施工缝

（1）施工缝用止水带、遇水膨胀止水条或止水胶、水泥基渗透结晶型防水涂料和预埋注浆管必须符合设计要求。

（2）施工缝防水构造必须符合设计要求。

2）变形缝

（1）变形缝用止水带、填缝材料和密封材料必须符合设计要求。

（2）变形缝防水构造必须符合设计要求。

（3）中埋式止水带埋设位置应准确，其中间空心圆环与变形缝的中心线应重合。

3）后浇带

（1）后浇带用遇水膨胀止水条或止水胶、预埋注浆管、外贴式止水带必须符合设计要求。

（2）补偿收缩混凝土的原材料及配合比必须符合设计要求。

（3）后浇带防水构造必须符合设计要求。

（4）采用掺膨胀剂的补偿收缩混凝土，其抗压强度、抗渗性能和限制膨胀率必须符合设计要求。

4. 安全与环保措施

（1）施工人员应经安全技术交底和安全文明施工教育后才可进入工地施工操作，施工现场应加强安全管理，安排专职安全巡逻员，设置黄沙桶、灭火器等消防设备。施工现场应安排专人洒水、清扫。

（2）电、气焊作业前应取得动火证，施工作业时，应有防火措施和旁站人员；工地临时用电线路的架设及脚手架接地、避雷措施等应按现行行业标准《施工现场临时用电安全技术规范》（JGJ 46）的规定执行。施工操作中，工具要随手放入工具袋内，上下传递材料或工具时不得抛掷。

8.2.2 穿墙管、埋设件、预留通道接头

1. 施工要点

（1）穿墙管应在浇筑混凝土前埋设，是为了避免混凝土完成后，在凿洞破坏防水层造成隐患。

（2）结构变形或管道伸缩量较小时，穿墙管可采用主管直接埋入混凝土内的固定式防水做法。主管埋入前，应加入止水环，环与主管应满焊或粘结密实。

（3）结构变形后管道伸缩量较大或有更换要求时，应采用套管式防水做法，套管应焊加止水环。

（4）当穿墙管线较多时，宜相对集中，采用穿墙盒方法。穿墙管的封口钢板应与墙上的预埋角钢焊严，并应从钢板上的浇注孔注入柔性密封材料或细石混凝土。相邻穿墙管间距应大于300mm。穿墙管与内墙角凹凸部位的距离应大于250mm。

（5）围护结构上的埋设件应预埋或预留孔（槽），其目的是为了避免破坏管廊工程的防水层。埋设件端部或预留孔（槽）底部的混凝土厚度不得小于250mm时，必须局部加厚或采取其他防水措施。

（6）预留孔（槽）内的防水层，应与孔（槽）外的结构附加防水层保持连续。

2. 质量要点

穿墙管件等穿过防水层的部位应采用密封收头。在结构中部穿墙管部位采用止水法兰和遇水膨胀腻子条（止水胶）进行防水处理，同时根据选用的不同防水材料对穿过防水层的部位采取相应的防水密封处理。穿墙管需提前预留防水套管。埋设件、预留通道接头应符合设计及规范的要求进行设置。

3. 质量验收

1）穿墙管

（1）穿墙管用遇水膨胀止水条和密封材料必须符合设计要求。

（2）穿墙管防水构造必须符合设计要求。

2）埋设件

（1）埋设件用密封材料必须符合设计要求。

（2）埋设件防水构造必须符合设计要求。

3）预留通道接头

（1）预留通道接头用中埋式止水带、遇水膨胀止水条或止水胶、预埋注浆管、密封材料和可卸式止水带必须符合设计要求。

（2）预留通道接头防水构造必须符合设计要求。

（3）中埋式止水带埋设位置应准确，其中间空心圆环与变形缝的中心线应重合。

4. 安全与环保措施

（1）施工人员应经安全技术交底和安全文明施工教育后，才可进入工地施工操作。施工现场应加强安全管理，安排专职安全巡逻员，设置黄沙桶、灭火器等消防设备。施工现场应安排专人洒水、清扫。

（2）电、气焊作业前应取得动火证。施工作业时，应有防火措施和旁站人员；工地临时用电线路的架设及脚手架接地、避雷措施等应按行业标准《施工现场临时用电安全技术规范》（JGJ 46）的规定执行。施工操作中，工具要随手放入工具袋内，上下传递材料或工具时不得抛掷。

（3）施工现场场界噪声进行检测和记录，噪声排放不得超过《建筑施工场界环境噪声排放标准》（GB 12523）的规定。施工场地的强噪声设备宜设置在远离居民区的一侧，可采取对强噪声设备进行封闭等降低噪声措施。

（4）建筑施工材料设备宜就地取材，宜优先采用施工现场 500km 以内的施工材料。施工现场应建立封闭式垃圾站，并对建筑垃圾按不可再利用垃圾与可再利用垃圾进行分别存放，对可循环利用的建筑垃圾进行再分类，建立相应的台账。

### 8.2.3 桩头

1. 施工要点

（1）桩头用的防水及密封材料应具有良好的粘结性和湿固化性。

（2）桩头防水材料与垫层防水层应连为一体。

（3）处理桩头用的防水材料应符合产品标准和施工标准的规定。

（4）应对遇水膨胀止水条进行保护。

2. 质量要点

应按设计要求将桩头混凝土剔凿并清理干净，符合防水施工要求。

3. 质量验收

（1）桩头用聚合物水泥防水砂浆、水泥基渗透结晶型防水涂料、遇水膨胀止水条或止水胶和密封材料必须符合设计要求。

（2）桩头防水构造必须符合设计要求。

（3）桩头混凝土应密实，如发现渗漏水应及时采取封堵措施。

4. 安全与环保措施

同"8.2.2 穿墙管、埋设件、预留通道接头"中"4. 安全与环保措施"内容。

### 8.2.4 孔口

1. 施工要点

（1）窗井的底部在最高地下水位以上时，窗井的底板和墙宜与主体断开。

（2）窗井或窗井的一部分在最高地下水位以下时，窗井应与主体结构连成整体。如果采用附加防水层，其防水层也应连成整体。

（3）窗井内的底板，必须比窗下缘低 200～300mm。窗井墙高出地面不得小于 300mm。窗井外地面宜作散水。

（4）通风口应与窗井同样处理，竖井窗下缘离室外地面高度不得小于 500mm。

2. 质量要点

地下工程通向地面的各种孔口应设置预防地面水倒灌措施，出入口应高于地面不小于 500mm，并应有防雨措施。汽车出入口设置明沟排水，其高于地面高度宜为 150mm，并应采取防雨措施。

3. 质量验收

孔口用防水卷材、防水涂料和密封材料、孔口防水构造必须符合设计要求。

4. 安全与环保措施

同"8.2.2 穿墙管、埋设件、预留通道接头"中"4. 安全与环保措施"内容。

## 8.3 特殊施工法结构防水施工

### 8.3.1 地下连续墙

1. 施工要点

（1）地下连续墙施工前应通过试成槽确定合适的成槽机械、护壁泥浆配比、施工工艺、槽壁稳定等技术参数。

（2）地下连续墙主要施工工序有：导墙施工、泥浆制备、槽段开挖、钢筋笼制作及吊装、浇筑混凝土等。

2. 质量要点

（1）地下连续墙施工应设置钢筋混凝土导墙，导墙施工应符合下列规定：

① 导墙应采用现浇混凝土结构，混凝土强度等级不应低于 C20，厚度不应小于 200mm；

② 导墙顶面应高于地面 100mm，高于地下水位 0.5m以上，导墙底部应进入原状土 200mm 以上，且导墙高度不应小于 1.2m；

③ 导墙外侧应用黏性土填实，导墙内侧墙面应垂直，其净距应比地下连续墙设计厚度加宽 40mm；

④ 导墙混凝土应对称浇筑，达到设计强度的 70% 后方可拆模，拆模后的导墙应加设对撑；

⑤ 遇暗浜、杂填土等不良地质时，宜进行土体加固或采用深导墙。

⑥ 导墙允许偏差应符合表 8-6 的规定。

表 8-6　导墙允许偏差

| 项目 | 允许偏差 | 检查频率 | | 检查方法 |
|---|---|---|---|---|
| | | 范围 | 点数 | |
| 宽度 | ±10mm | 每 10m | 1 | 用钢尺量 |
| 垂直度 | ≤1/300 | 每幅 | 1 | 线锤 |
| 墙面平整度 | ≤10mm | 每幅 | 1 | 用钢尺量 |
| 导墙平面位置 | ±10mm | 每幅 | 1 | 用钢尺量 |
| 导墙顶面标高 | ±20mm | 6m | 1 | 水准仪 |

（2）泥浆制备应符合下列规定：

① 新拌制泥浆应经充分水化，贮放时间不应少于 24h；

② 泥浆的储备量宜为每日计划最大成槽方量的 2 倍以上；

③ 泥浆配合比应按土层情况试配确定，一般泥浆的配合比可根据表 8-7 选用。遇土层极松散、颗粒粒径较大、含盐或受化学污染时，应配制专用泥浆。

表 8-7　泥浆配合比

| 图层类型 | 膨润土（%） | 增粘剂 CMC（%） | 纯碱 $Na_2CO_3$（%） |
|---|---|---|---|
| 黏性土 | 8～10 | 0～0.02 | 0～0.50 |
| 砂土 | 10～12 | 0～0.05 | 0～0.50 |

（3）泥浆性能指标应符合表 8-8、表 8-9 的规定。

表 8-8　新拌制泥浆的性能指标

| 项目 | | 性能指标 | 检验方法 |
|---|---|---|---|
| 相对密度 | | 1.03～1.10 | 泥浆比重秤 |
| 黏度 | 黏性土 | 19s～25s | 漏斗法 |
| | 砂土 | 30s～35s | |
| 胶体率 | | ＞98% | 量筒法 |
| 失水量 | | ＜30mL/30min | 失水量仪 |
| 泥皮厚度 | | ＜1mm | 失水量仪 |
| pH 值 | | 8～9 | pH 试纸 |

表 8-9　循环泥浆的性能指标

| 项目 | | 性能指标 | 检验方法 |
|---|---|---|---|
| 相对密度 | | 1.05～1.25 | 泥浆比重秤 |
| 黏度 | 黏性土 | 19s～30s | 漏斗法 |
| | 砂土 | 25s～40s | |

| 项目 | | 性能指标 | 检验方法 |
|---|---|---|---|
| 胶体率 | | ＞98％ | 量筒法 |
| 失水量 | | ＜30mL/30min | 失水量仪 |
| 泥皮厚度 | | 1～3mm | 失水量仪 |
| pH 值 | | 8～10 | pH 试纸 |
| 含砂率 | 黏性土 | ＜4％ | 洗砂瓶 |
| | 砂土 | ＜7％ | |

（4）成槽施工应符合下列规定：

① 单元槽段长度宜为 4～6m；

② 槽内泥浆面不应低于导墙面 0.3m，同时槽内泥浆面应高于地下水位 0.5m 以上；

③ 成槽机应具备垂直度显示仪表和纠偏装置，成槽过程中应及时纠偏；

④ 单元槽段成槽过程中抽检泥浆指标不应少于 2 处，且每处不应少于 3 次；

⑤ 地下连续墙成槽允许偏差应符合表 8-10 的规定。

**表 8-10 地下连续墙成槽允许偏差**

| 项目 | | 允许偏差 | 检测方法 |
|---|---|---|---|
| 深度 (mm) | 临时结构 | ≤100 | 测绳，2 点/幅 |
| | 永久结构 | ≤100 | |
| 槽位 (mm) | 临时结构 | ≤50 | 钢尺，1 点/幅 |
| | 永久结构 | ≤30 | |
| 墙厚 (mm) | 临时结构 | ≤50 | 20％超声波，2 点/幅 |
| | 永久结构 | ≤50 | 100％超声波，2 点/幅 |
| 垂直度 | 临时结构 | ≤1/200 | 20％超声波，2 点/幅 |
| | 永久结构 | ≤1/300 | 100％超声波，2 点/幅 |
| 沉渣厚度 (mm) | 临时结构 | ≤200 | 100％测绳，2 点/幅 |
| | 永久结构 | ≤100 | |

（5）成槽后的刷壁与清基应符合下列规定：

① 成槽后，应及时清刷相邻段混凝土的端面，刷壁宜到底部，刷壁次数不得少于 10 次，且刷壁器上无泥；

② 刷壁完成后应进行清基和泥浆置换，宜采用泵吸法清基；

③ 清基后应对槽段泥浆进行检测，每幅槽段检测 2 处，取样点距离槽底 0.5～1.0m，清基后的泥浆指标应符合表 8-11 的规定。

表 8-11　清基后的泥浆指标

| 项目 | | 清基后泥浆 | 检验方法 |
|---|---|---|---|
| 相对密度 | 黏性土 | ≤1.15 | 比重计 |
| | 砂土 | ≤1.20 | |
| 黏度（s） | | 20～30 | 漏斗计 |
| 含砂率（%） | | ≤7 | 洗砂瓶 |

（6）槽段接头施工应符合下列规定：

① 接头管（箱）及连接件应具有足够的强度和刚度。

② 十字钢板接头与工字钢接头在施工中应配置接头管（箱），下端应插入槽底，上端宜高出地下连续墙泛浆高度，同时应制定有效的防混凝土绕流措施。

③ 钢筋混凝土预制接头应达到设计强度的 100% 后方可运输及吊放，吊装的吊点位置及数量应根据计算确定。

④ 铣接头施工应符合下列规定：

A. 套铣部分不宜小于 200mm，后续槽段开挖时，应将套铣部分混凝土铣削干净，形成新鲜的混凝土接触面；导向插板宜选用长 5～6m 的钢板，应在混凝土浇筑前，放置于预定位置；

B. 套铣一期槽段钢筋笼应设置限位块，限位块设置在钢筋笼两侧，可以采用 PVC 管等材料，限位块长度宜为 300～500mm，间距为 3～5m。

（7）钢筋笼制作和吊装应符合下列规定：

① 槽段钢筋笼应进行整体吊放安全验算，并设置纵横向桁架、剪刀撑等加强钢筋笼整体刚度的措施。

② 钢筋笼加工场地与制作平台应平整，平面尺寸应满足制作和拼装要求；

③ 分节制作钢筋笼同胎制作应试拼装，应采用焊接或机械连接；

④ 钢筋笼制作时应预留导管位置，并应上下贯通；

⑤ 钢筋笼应设保护层垫板，纵向间距为 3～5m，横向宜设置 2～3 块；

⑥ 吊车的选用应满足吊装高度及起重量的要求；

⑦ 钢筋笼应在清基后及时吊放；

⑧ 异形槽段钢筋笼起吊前应对转角处进行加强处理，并应随入槽过程逐渐割除。

⑨ 钢筋笼制作允许偏差及安装误差应符合下列规定：

A. 钢筋笼制作允许偏差应符合表 8-12 的规定。

表 8-12　钢筋笼制作允许偏差

| 项目 | 允许偏差（mm） | 检查方法 |
|---|---|---|
| 钢筋笼长度 | ±100 | 用钢尺量，每幅钢筋笼检查上中下 3 处 |
| 钢筋笼宽度 | 0 −20 | |
| 钢筋笼保护层厚度 | ≤10 | |
| 钢筋笼安装深度 | ±50 | |

144

| 项目 | 允许偏差<br>（mm） | 检查方法 |
|---|---|---|
| 主筋间距 | ±10 | 任取一断面，连续量取间距，<br>取平均值作为一点，每幅钢筋笼<br>上测四点 |
| 分布筋间距 | ±20 | |
| 预埋件中心位置 | ±10 | 100%检查，用钢尺量 |
| 预埋钢筋和接驳器<br>中心位置 | ±10 | 20%检查，用钢尺量 |

B. 钢筋笼安装误差应小于 20mm。

（8）水下混凝土应采用导管法连续浇筑，并应符合下列规定：

① 导管管节连接应密封、牢固，施工前应试拼并进行水密性试验；

② 导管水平布置距离不应大于 3m，距槽段两侧端部不应大于 1.5m，导管下端距离槽底宜为 300～500mm，导管内应放置隔水栓；

③ 钢筋笼吊放就位后应及时灌注混凝土，间隔不宜大于 4h；

④ 水下混凝土初凝时间应满足浇筑要求，现场混凝土坍落度宜为 200mm±20mm，混凝土强度等级应比设计强度提高一级进行配制；

⑤ 槽内混凝土面上升速度不宜小于 3m/h，同时不宜大于 5m/h，导管埋入混凝土深度应为 2～4m，相邻两导管内混凝土高差应小于 0.5m；

⑥ 混凝土浇筑面宜高出设计标高 300～500mm。

（9）混凝土达到设计强度后方可进行墙底注浆，注浆应符合下列规定：

①注浆管应采用钢管，单幅槽段注浆管数量不应少于2根，槽段长度大于6m宜增设注浆管，注浆管下端应伸至槽底200～500mm，槽底持力层为碎石、基岩时，注浆管下端宜做成T形并与槽底齐平；

②注浆器应采用单向阀，应能承受大于2MPa的静水压力；

③注浆量应符合设计要求，注浆压力控制在2MPa以内或以上覆土不抬起为度；

④注浆管应在混凝土初凝后终凝前用高压水劈通压浆管路；

⑤注浆总量达到设计要求或注浆量达到80%以上，压力达到2MPa时可终止注浆。

（10）地下连续墙混凝土质量检测应符合下列规定：

①混凝土坍落度检验每幅槽段不应少于3次，抗压强度试件每一槽段不应少于一组，且每50m³混凝土应做一组，永久地下连续墙每5个槽段应做抗渗试件一组；

②永久地下连续墙混凝土的密实度宜采用超声波检查，总抽取比例为20%，必要时采用钻孔抽芯检查强度。

3. 质量验收

（1）地下墙与地下室结构顶板、楼板、底板及梁之间连接可预埋钢筋或接驳器（锥螺纹或直螺纹），对接驳器也应按原材料检验要求，抽样复验，数量每500套为一个检验批，每批应抽查3件，复验内容为外观、尺寸、抗拉试验等。

（2）施工前应检验进场的钢材、电焊条。已完工的导墙应检查其净空尺寸，墙面平整度与垂直度。

（3）施工中应检查成槽的垂直度、槽底的淤积物厚度、泥浆相对密度、钢筋笼尺寸、浇筑导管位置、混凝土上升速度、浇筑面标高、地下墙连接面的清洗程度、商品混凝土的坍落度、锁口管或接头箱的拔出时间及速度等。

（4）成槽结束后应对成槽的宽度、深工及倾斜度进行检验，重要结构每段槽段都应检查，一般结构可抽查总槽段数的20%，每槽段应抽查1个段面。

（5）永久性结构的地下墙，在钢筋笼沉放后，应做二次清孔，沉渣厚度应符合要求。

（6）每50m³地下墙应做1组试件，每幅槽段不得少于1组，在强度满足设计要求后方可开挖土方。

（7）作为永久性结构的地下连续墙，土方开挖后应进行逐段检查，钢筋混凝土底板也应符合现行国家标准《混凝土结构工程施工质量验收规范》（GB 50204）的规定。

（8）地下墙的钢筋笼检验标准应符合表2-2的规定，地下墙质量检验标准应符合表3-8的规定。

4. 安全环保措施

1）施工安全措施

（1）基坑工程施工前应根据设计文件，结合现场条件和周边环境保护要求、气候等情况，编制支护结构施工方案。临水基坑施工方案应根据波浪、潮位等对施工的影响进行编制，并应符合防汛主管部门的相关规定。

（2）基坑支护结构施工应与降水、开挖相互协调，各工况和工序应符合设计要求。

（3）基坑支护结构施工与拆除不应影响主体结构、邻近地下设施与周围建（构）筑物等的正常使用，必要时应采取减少不利影响的措施。

（4）支护结构施工前应进行试验性施工，并应评估施工工艺和各项参数对基坑及周边环境的影响程度；应根据试验结果调整参数、工法或反馈修改设计方案。

（5）支护结构施工和开挖过程中，应对支护结构自身、已施工的主体结构和邻近道路、市政管线、地下设施、周围建（构）筑物等进行施工监测，施工单位应采用信息施工法配合设计单位采用动态设计法，及时调整施工方法及预防风险措施，并可通过采用设置隔离桩、加固既有建筑地基基础、反压与配合降水纠偏等技术措施，控制邻近建（构）筑物产生过大的不均匀沉降。

（6）施工现场道路布置、材料堆放、车辆行走路线等应符合设计荷载控制要求；当设置施工栈桥时，应按设计文件编制施工栈桥的施工、使用及保护方案。

（7）当遇有可能产生相互影响的邻近工程进行桩基施工、基坑开挖、边坡工程、盾构顶进、爆破等施工作业时，应确定相互间合理的施工顺序和方法，必要时应采取措施减少相互影响。

（8）地下连续墙钢筋笼吊装前要编制专项吊装方案。

（9）遇有雷雨、6级以上大风等恶劣天气时，应暂停施工，并应对现场的人员、设备、材料等采取相应的保护措施。

（10）具体安全技术要求参考《建筑深基坑工程施工安全技术规范》（JGJ 311）。

2）施工环保措施

（1）施工前场地平整，清除障碍物时必须将弃土、弃渣等运至指定的弃土场内，并在工程完后对弃土场进行挡护、绿化处理。

**148**

（2）做好施工区域排水系统，使红线外原有排水系统保持通畅。

（3）严禁施工区域内泥浆、水泥浆、机械油污等未经处理排入附近生活区、商业区等区域而污染水源。

（4）严禁生活区域内的施工垃圾、生活垃圾任意倒放，必须将其运至专门弃土场或进行深埋处理。

（5）水泥桶进行美化全封闭围护，避免水泥粉尘四处飘洒，控制扬尘。

（6）严格执行有关规定，遵守环保公约、地方法规、法律及各种规范要求。

# 8.4 排水施工

## 8.4.1 施工要点

（1）综合管廊内应设置自动排水系统。

（2）综合管廊的排水区间长度不宜大于 200m。

（3）综合管廊的低点应设置集水坑及自动水位排水泵。

（4）综合管廊的底板宜设置排水明沟，并应通过排水明沟将综合管廊内积水汇入集水坑，排水明沟的坡度不应小于 0.2%。

（5）综合管廊的排水应就近接入城市排水系统，并应设置逆止阀。

（6）天然气管道舱应设置独立集水坑。

## 8.4.2 质量要点

（1）集水坑宜采用防水混凝土整体浇筑，混凝土表面应坚实、平整，不得有露筋、蜂窝和裂缝等缺陷。内部应设防水层。受震动作用时应设柔性防水层。

（2）底板以下的坑，其局部底板应相应降低，并应使防水层保持连续（图 8-1）。

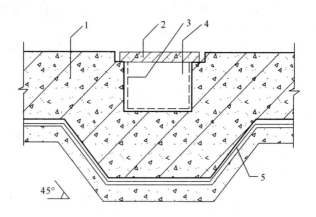

图 8-1　底板下坑、池的防水构造
1—底板；2—盖板；3—坑、池防水层；4—坑、池；5—主体结构防水层

（3）坑、池底板的混凝土厚度不应小于 250mm；当底板的厚度小于 250mm 时，应采取局部加厚措施，并应使防水层保持连续。

8.4.3　验收要点

（1）坑、池防水混凝土的原材料、配合比及坍落度必须符合设计要求。检验方法：检查产品合格证、产品性能检测报告、计量措施和材料进场检验报告。

（2）坑、池防水构造必须符合设计要求。检验方法：观察检查和检查隐蔽工程验收记录。

（3）坑、池、储水库内部防水层完成后，应进行蓄水试验。检验方法：观察检查和检查蓄水试验记录。

8.4.4　安全与环保措施

同"主体结构施工"安全与环保措施内容。

## 8.5 注浆施工

### 8.5.1 施工要点

#### 1. 技术准备

（1）混凝土表面处理：用毛刷清扫混凝土表面尘土，并清除裂缝周围易脱落的浮皮、空鼓的抹灰等，利用小锤、钢丝刷和砂纸将修理面上的碎屑、浮渣、铁锈等杂物除去，应注意防止在清理过程中把裂缝堵塞。裂缝处宜用蘸有丙酮或二甲苯的棉丝擦洗，一般不宜用水冲洗，因树脂类灌浆材料不宜与水接触，如必须用水洗刷时也需待水分完全干燥后方能进行下道工序。对于有蜂窝麻面、露筋部位用聚合物砂浆修补平整（也可用快干型封缝胶作表面修复）。

（2）裂缝表面封闭、安设底座：要保证注浆的成功，必须使裂缝外部形成一个封闭体。封闭作业包括贴嘴、贴玻璃布或满刮腻子并勾缝。

（3）预留注浆孔位置：依据裂缝宽度大小及混凝土厚度，一般 20cm 左右在裂缝较宽处预留进浆口。用封缝胶安设底座，贯穿裂缝正反两面均要设注浆孔。

（4）封闭裂缝：由于施工后不必清除表面的封缝胶，所以选用了 YJ 快干型封缝胶封缝，将胶按比例调好，用刮刀沿裂缝方向涂抹 3～4cm 宽，将裂缝封严封死。贯穿裂缝两面均要封闭。待封缝胶硬化后（约 1h），即可灌浆。

（5）浆液配制：根据灌前试验的配合比大小配制浆液，配浆时注意搅拌，减小浆液的黏度，以提高浆材的可灌性。

#### 2. 材料要求

水泥类浆液宜选用强度等级不低于 32.5 级的普通硅酸

151

盐水泥，其他浆液材料应符合有关规定。浆液的配合比，必须经现场试验后确定。

3. 施工工艺

（1）准备工作阶段工艺流程，如图8-2所示。

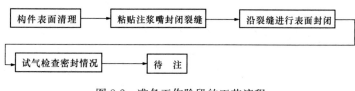

图8-2　准备工作阶段的工艺流程

（2）注浆阶段工艺流程，如图8-3所示。

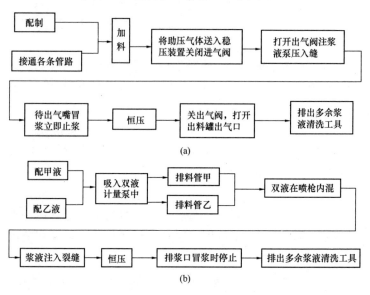

图8-3　注浆阶段工艺流程

（a）单液法注浆；（b）双液法注浆

4. 操作工艺

（1）打磨：采用砂轮机沿裂缝的两边各打磨 20cm 的宽度，除去混凝土表面杂物，以免影响注浆嘴的粘贴及封缝效果。

（2）冲洗：是贴嘴法施工最重要的工序，用高压冲毛机沿裂缝开口向两边冲洗，以保证缝口敞开无杂物。

（3）裂缝描述：用刻度放大镜测量裂缝宽度，并对裂缝走向及缝长进行描述，用以调整布置注浆嘴间距及灌浆压力。

（4）贴嘴：根据裂缝描述进行注浆嘴的布置。规则裂缝缝宽小于 0.3mm 时按间距 20cm 布嘴，缝宽大于 0.3mm 时按间距 30cm 布嘴；不规则裂缝的交叉点及端部均布置注浆嘴。将粘贴胶抹在注浆嘴底板上，贴嘴时用定位针穿过进浆管，对准缝口插上，然后将注浆嘴压向混凝土表面抽出定位针，定位针未黏附胶认定注浆嘴粘贴合格。

（5）封缝：贴嘴 3h 后用堵漏灵胶泥将渗水缝口封堵住，带面胶基本固化后，用堵漏灵加固形成中间高，两边低的伞形封盖。

（6）压风检查：封缝完成并养护 2h 后即可进行压风检查各孔的贯通情况，压风压力小于 0.25MPa；对于不串通的孔应查明原因进行分析和处理。

（7）灌浆：采用多点同步灌注方式，从下至上，从宽至窄，逐步推进，采用双组分注射泵灌注浆材，施工中采用稳压慢灌，每孔纯灌时间不少于 90min，以保证灌浆质量。灌浆压力见表 8-13。

表 8-13　裂缝宽度与灌浆压力关系

| 缝宽（mm） | <0.1 | 0.1～0.3 | >0.3 |
|---|---|---|---|
| 灌浆压力（MPa） | 0.8～1.0 | 0.6～0.8 | 0.5～0.8 |

（8）注浆嘴的清除：灌浆结束 48h 后铲除注浆嘴，混凝

土表面采用环氧胶泥封堵平整。

（9）质量检查及验收：灌后质量检查在注射树脂灌浆结束 7d 后进行。

（10）压水检查：现场布骑缝孔，冲击钻造孔（孔径 18～20mm、孔深 10～15cm）后，采用单点法压水，压水检查压力为 0.3MPa。合格标准：压水检查透水率 $q$ ≤0.1lu。

（11）钻孔取芯：取芯直径 89mm，并进行芯样鉴定、描述，绘制钻孔柱状图。

（12）裂缝灌浆后，要根据所选用材料的不同要求进行养护，并进行覆盖保护。

### 8.5.2 质量要点

1. 材料控制

裂缝注浆所选用水泥的细度应符合表 8-14 的规定。

表 8-14　裂缝注浆水泥的细度

| 项目 | 普通硅酸盐水泥 | 磨细水泥 | 湿磨细水泥 |
|---|---|---|---|
| 平均粒径（$D50$，$\mu$m） | 20～25 | 8 | 6 |
| 比表面（$cm^2/g$） | 3250 | 6300 | 8200 |

2. 质量关键控制

（1）浅裂缝应骑槽粘埋注浆嘴，必要时沿缝开凿"V"槽并用水泥砂浆封缝。

（2）深裂缝应骑缝钻孔或斜向钻孔至裂缝深部，孔内埋设注浆管，间距应根据裂缝宽度而定，但每条裂缝至少有一个进浆孔和一个排气孔。

（3）注浆嘴及注浆管应设于裂缝的交叉处、较宽处及贯穿处等部位。对封缝的密封效果应进行检查。

（4）采用低压低速注浆，化学注浆压力宜为 0.2～0.4MPa，水泥浆灌浆压力宜为 0.4～0.8MPa。

（5）注浆后待缝内浆液初凝而不外流时，方可拆下注浆嘴并进行封口抹平。

（6）裂缝灌浆后，要根据所选用材料的不同要求进行养护，并进行覆盖保护。

### 8.5.3 质量验收

（1）裂缝注浆的施工质量检验数量，应按裂缝条数的 10% 抽查，每条裂缝为 1 处，且不得少于 3 处。

（2）注浆材料及其配合比必须符合设计要求。

检验方法：检查出厂合格证、质量检验报告、计量措施和试验报告。

（3）注浆效果必须符合设计要求。检验方法：渗漏水量测，必要时采用钻孔取芯、压水（或空气）等方法检查。

（4）钻孔埋管的孔径和孔距应符合设计要求。检验方法：检查隐蔽工程验收记录。

（5）注浆的控制压力和进浆量应符合设计要求。检验方法：检查隐蔽工程验收记录。

### 8.5.4 安全与环保措施

1. 安全措施

（1）注浆作业应符合《建筑机械使用安全技术规程》（JGJ 33）及《施工现场临时用电安全技术规范》（JGJ 46）的有关规定，施工中应定期对其进行检查、维修，保证机械使用安全。

（2）钻眼、注浆作业过程中，设隔离带，并由专人指挥过往车辆。

（3）注浆管路及连接件、阀门必须采用耐高压装置，当压力上升时，要防止管路连接部位爆裂伤人。

（4）孔口管、止浆塞要安装固结牢固，施工期间严禁人员站在其冲出方向前方，以防止孔口管冲出伤人。

（5）配制速凝剂及堵漏作业人员，要戴好胶皮手套，以防烫手，配料操作人员还应戴防护眼镜，防止碱性溶液溅到眼中。

（6）注意机械使用、保养、维修，注意用电安全，经常进行检查杜绝漏电，并派专人操作和维修，非机电修理人员不得随意拆卸设备。

2. 环保措施

（1）合理安排工作人员轮流操作机械。穿插安排低噪声工作，减少接触高噪声工作时间，并配有耳塞，同时注重机械保养，降低噪声。

（2）对洞内照明灯线坚持勤检查，光线暗淡地段加灯或换灯，保证洞内照明效果。

（3）施工现场经常洒水降尘，防止车辆行走时起尘。

（4）施工中产生的固体废弃物必须装运至弃碴场处理，严禁随意倾倒行为造成对周边环境的破坏。

（5）安排专人负责内排水系统、文明施工，保证施工环境符合要求。

（6）风钻中的废油集中存放，在指定地点掩埋处理，防止污染水源。

（7）各种作业机械坚持勤检查、勤保养、勤维护的施工制度，防止机械设备漏油对洞内环境造成影响。

（8）注浆范围和建筑物的水平距离很近时，应加强对邻近建筑物和地下埋设物的现场监控。

（9）注浆点距离饮用水源或公共水域较近时，注浆施工如有污染应及时采取相应措施。

# 第二部分

# 主 体 结 构

# 9 混凝土结构

## 9.1 模板施工

**9.1.1 施工要点**

（1）模板工程应编制专项施工方案。滑模、爬模、飞模等工具式模板工程及高大模板支架工程的专项施工方案，应进行技术论证。

（2）对模板及支架，应进行设计。模板及支架应具有足够的承载力、刚度和稳定性，应能可靠地承受施工过程中所产生的各类荷载。

（3）模板支架的高宽比不宜大于3；当高宽比大于3时，应增设稳定性措施，并应进行支架的抗倾覆验算。

（4）支架立柱和竖向模板安装在基土上时，应符合下列规定：

① 应设置具有足够强度和支承面积的垫板，且应中心承载；

② 基土应坚实，并应有排水措施；对湿陷性黄土，应有防水措施；对冻胀性土，应有防冻融措施；

③ 对于软土地基，当需要时可采用堆载预压的方法调整模板面安装高度；

（5）模板对拉螺栓中部应设止水片，止水片应与对拉螺栓环焊。

（6）模板应按图加工、制作。通用性强的模板宜制作成定型模板。

（7）与通用钢管支架匹配的专用支架，应按图加工、制作。搁置于支架顶端可调托座上的主梁，可采用木方、木工字梁或截面对称的型钢制作。

（8）竖向模板安装时，应在安装基层面上测量放线，并应采取保证模板位置准确的定位措施。对竖向模板及支架，安装时应有临时稳定措施。安装位于高空的模板时，应有可靠的防倾覆措施。应根据混凝土一次浇筑高度和浇筑速度，采取合理的竖向模板抗侧移、抗浮和抗倾覆措施。

（9）采用扣件式钢管作高大模板支架的立杆时，支架搭设应完整，并应符合下列规定：

① 钢管规格、间距和扣件应符合设计要求；

② 立杆上应每步设置双向水平杆，水平杆应与立杆扣接；

③ 立杆底部应设置垫板。

（10）采用碗扣式、插接式和盘销式钢管架搭设模板支架时，应符合下列规定：

① 碗扣架或盘销架的水平杆与立柱的扣接应牢靠，不应滑脱；

② 立杆上的上、下层水平杆间距不应大于1.8m；

③ 插入立杆顶端可调托座伸出顶层水平杆的悬臂长度不应超过650mm，螺杆插入钢管的长度不应小于150mm，其直径应满足与钢管内径间隙不小于6mm的要求。架体最顶层的水平杆步距应比标准步距缩小一个节点间距；

④ 立柱间应设置专用斜杆或扣件钢管斜杆加强模板支架。

（11）采用门式钢管架搭设模板支架时，应符合下列规定：

① 支架应符合现行行业标准《建筑施工门式钢管脚手架安全技术规范》（JGJ 128）的有关规定；

② 当支架高度较大或荷载较大时，宜采用主立杆钢管直径不小于 48mm 并有横杆加强杆的门架搭设。

（12）支架的垂直斜撑和水平斜撑应与支架同步搭设，架体应与成形的混凝土结构拉结。

（13）对现浇多层、高层混凝土结构，上、下楼层模板支架的立杆应对准，模板及支架钢管等应分散堆放。

（14）模板安装应保证混凝土结构构件各部分形状、尺寸和相对位置准确，并应防止漏浆。

（15）模板安装应与钢筋安装配合进行，梁柱节点的模板宜在钢筋安装后安装。

（16）模板与混凝土接触面应清理干净并涂刷脱模剂，脱模剂不得污染钢筋和混凝土接槎处。

（17）模板安装完成后，应将模板内杂物清除干净。

（18）后浇带的模板及支架应独立设置。

（19）固定在模板上的预埋件、预留孔和预留洞均不得遗漏，且应安装牢固、位置准确。

（20）模板拆除时，可采取先支的后拆、后支的先拆，先拆非承重模板、后拆承重模板的顺序，并应从上而下进行拆除。

（21）当混凝土强度达到设计要求时，方可拆除底模及支架；当设计无具体要求时，同条件养护试件的混凝土抗压强度应符合相关规范的规定。

（22）当混凝土强度能保证其表面及棱角不受损伤时，

方可拆除侧模。

（23）多个楼层间连续支模的底层支架拆除时间，应根据连续支模的楼层间荷载分配和混凝土强度的增长情况确定。

（24）快拆支架体系的支架立杆间距不应大于2m。拆模时应保留立杆并顶托支承楼板，拆模时的混凝土强度可按表9-1中构件跨度为2m的规定确定。

表9-1  底模拆除时的混凝土强度要求

| 构件类型 | 构件跨度 | 达到设计混凝土强度等级值的百分率（%） |
|---|---|---|
| 板 | ≤2 | ≥50 |
| | >2，≤8 | ≥75 |
| | >8 | ≥100 |
| 梁、拱、壳 | ≤8 | ≥75 |
| | >8 | ≥100 |
| 悬臂结构 | | ≥100 |

（25）对于后张预应力混凝土结构构件，侧模宜在预应力张拉前拆除；底模支架不应在结构构件建立预应力前拆除。

（26）拆下的模板及支架杆件不得抛扔，应分散堆放在指定地点，并应及时清运。

（27）模板拆除后应将其表面清理干净，对变形和损伤部位应进行修复。

（28）模板及支架的形式和构造应根据工程结构形式、荷载大小、地基土类别、施工设备和材料供应等条件确定。

（29）模板及支架设计应包括下列内容：

① 模板及支架的选型及构造设计；

② 模板及支架上的荷载及其效应计算；

③ 模板及支架的承载力、刚度验算；

④ 模板及支架的抗倾覆验算；

⑤ 绘制模板及支架施工图。

（30）模板及支架的设计应符合下列规定：

① 模板及支架的结构设计宜采用以分项系数表达的极限状态设计方法；

② 模板及支架的结构分析中所采用的计算假定和分析模型，应有理论或试验依据，或经工程验证可行；

③ 模板及支架应根据施工过程中各种受力工况进行结构分析，并确定其最不利的作用效应组合；

④ 承载力计算应采用荷载基本组合；变形验算可仅采用永久荷载标准值。

（31）模板及支架设计时，应满足《混凝土结构工程施工规范》（GB 50666）的相关要求。

（32）支架结构中钢构件的长细比不应超过表 9-2 规定的容许值。

表 9-2　支架结构钢构件容许长细比

| 构件类别 | 容许长细比 |
| --- | --- |
| 受压构件的支架立柱及桁架 | 180 |
| 受压构件的斜撑、剪刀撑 | 200 |
| 受拉构件的钢杆件 | 350 |

（33）多层楼板连续支模时，应分析多层楼板间荷载传递对支架和楼板结构的影响。

（34）支架立柱或竖向模板支承在土层上，应按现行国家标准《建筑地基基础设计规范》（GB 50007）的有关规定对土层进行验算；支架立柱或竖向模板支承在混凝土结构构件上时，应按现行国家标准《混凝土结构设计规范》（GB 50010）的有关规定对混凝土结构构件进行验算。

（35）采用钢管和扣件搭设的支架设计时，应符合下列规定：

① 钢管和扣件搭设的支架宜采用中心传力方式；

② 单根立杆的轴向力标准值不宜大于 12kN，高大模板支架单根立杆的轴向力标准值不宜大于 10kN；

③ 立杆顶部承受水平杆扣件传递的竖向荷载时，立杆应按 50mm 的偏心距进行承载力验算，高大模板支架的立杆应按不小于 100mm 的偏心距进行承载力验算；

④ 支承模板的顶部水平杆可按受弯构件进行承载力验算；

⑤ 扣件抗滑移承载力验算可按现行行业标准《建筑施工扣件式钢管脚手架安全技术规范》（JGJ 130）的有关规定执行。

（36）采用门式、碗扣式、盘扣式或盘销式等钢管架搭设的模板支架，应采用支架立柱杆端插入可调托座的中心传力方式，其承载力及刚度可按国家现行有关标准的规定进行验算。

9.1.2 质量要点

（1）模板、支架杆件和连接件的进场检查，应符合下列规定：

① 模板表面应平整；胶合板模板的胶合层不应脱胶翘角；支架杆件应平直，应无严重变形和锈蚀；连接件应无严重变形和锈蚀，并不应有裂纹；

② 模板的规格和尺寸，支架杆件的直径和壁厚，及连接件的质量，应符合设计要求；

③ 施工现场组装的模板，其组成部分的外观和尺寸，应符合设计要求；

④ 必要时，应对模板、支架杆件和连接件的力学性能进行抽样检查；

⑤ 应在进场时和周转使用前全数检查外观质量。

（2）模板安装后应检查尺寸偏差。固定在模板上的预埋件、预留孔和预留洞，应检查其数量和尺寸。

（3）采用扣件式钢管做模板支架式，质量检查应符合下列规定：

① 梁下支架立杆间距的偏差不宜大于 50mm，板下支架立杆间距的偏差不宜大于 100mm；水平杆间距的偏差不宜大于 50mm。

② 应检查支架顶部承受模板荷载的水平杆与支架立杆连接的扣件数量，采用双扣件构造设置的抗滑移扣件，其上下应顶紧，间隙不应大于 2mm。

③ 支架顶部承受模板荷载的水平杆与支架立杆连接的扣件拧紧力矩，不应小于 40N·m，且不应大于 65N·m。支架每步双向水平杆应与立杆扣接，不得缺失。

（4）采用碗扣式、盘扣式或盘销式钢管架作模板支架时，质量检查应符合下列规定：

① 插入立杆顶端可调托座伸出顶层水平杆的悬臂长度，不应超过 650mm；

② 水平杆杆端与立杆连接的碗扣、插接和盘销的连接状况，不应松脱；

③ 按规定设置的竖向和水平斜撑。

### 9.1.3 质量验收

模板分项工程是对混凝土浇筑成型用的模板及其支架的设计、安装、拆除等一系列技术工作和完成实体的总称。由于模板可以连续周转使用，模板分项工程所含检验批通常根据模板安装和拆除的数量确定。

1. 一般规定

（1）模板工程应编制专项施工方案。滑模、爬模等工具式模板工程及高大模板支架工程的专项施工方案，应进行技术论证。

（2）模板及支架应根据施工过程中的各种工况进行设计，应具有足够的承载力和刚度，并应保证其整体稳固性。

2. 模板安装

（1）模板及支架材料的技术指标应符合国家现行有关标准和专项施工方案的规定。

检查数量：全数检查。

检验方法：检查质量证明文件。

（2）现浇混凝土结构的模板及支架安装完成后，应按照专项施工方案对下列内容进行检查验收：

① 模板的定位；

② 支架杆件的规格、尺寸、数量；

③ 支架杆件之间的连接；

④ 支架的剪刀撑和其他支撑设置；

⑤ 支架与结构之间的连接设置；

⑥ 支架杆件底部的支承情况。

检查数量：全数检查。

检验方法：观察、尺量检查；力矩扳手检查。

9.1.4 安全与环保措施

1. 模板施工安全

（1）模板施工前，应根据建筑物结构特点和混凝土施工工艺进行模板设计，并编制安全技术措施。

（2）模板及支架应具有足够的强度、刚度和稳定性，能可靠地承受新浇混凝土自重、侧压力和施工中产生的荷载及风荷载。

（3）各种材料模板的制作，应符合相关技术标准的规定。

（4）模板支架材料宜采用钢管、门型架、型钢、塔身标准节、木杆等。模板支架材质应符合相关技术标准的规定。

2. 设计计算

（1）模板荷载效应组合及其各项荷载标准值，应符合现行国家标准《建筑结构荷载规范》（GB 50009）的有关规定。

（2）模板风荷载标准值应按现行国家标准《建筑结构荷载规范》（GB 50009）的规定，取 $n=5$。

（3）模板支架立杆的稳定性计算，对扣件式钢管支架在符合有关构造要求后，可按国家现行标准《建筑施工扣件式钢管脚手架安全技术规范》（JGJ 130）有关脚手架立杆的稳定性计算公式进行。

① 模板支架立杆轴向力设计值 $N$ 及弯矩设计值 $M$，应按下列公式计算：

$$N = 1.2 \sum N_{Gk} + 1.4 \sum N_{Qk}$$

$$M = 0.9 \times 1.4 M_{wk} = \frac{0.9 \times 1.4 W_k L_a h^2}{10}$$

式中 $\sum N_{Gk}$——模板及支架自重、新浇混凝土自重与钢筋自重标准值产生的轴向力总和；

$\sum N_{Qk}$——施工人员及施工设备荷载标准值、振捣混凝土时产生的荷载标准值产生的轴向力总和；

$M_{wk}$——水平风荷载产生的弯矩标准值；

$M$——水平风荷载产生的弯矩设计值。

② 模板支架立杆的计算长度 $L_0$，应按下式计算：

$$L_0 = h + 2a$$

式中 $h$——支架立杆的步距；

$a$——模板支架立杆伸出顶层横向水平杆中心线至模板支撑点距离。

(4) 模板支架底部的建筑物结构或地基，必须具有支撑上层荷载的能力。当底部支撑楼板的设计荷载不足时，可采取保留两层或多层支架立杆（经计算确定）加强；当支撑在地基上时，应验算地基的承载力。

3. 构造要求

(1) 各种模板的支架应自成体系，严禁与脚手架进行连接。

(2) 模板支架立杆底部应设置垫板，不得使用砖及脆性材料铺垫，并应在支架的两端和中间部分与建筑结构进行连接。

(3) 模板支架立杆在安装的同时，应加设水平支撑，立杆高度大于 2m 时，应设两道水平支撑，每增高 1.5～2m 时，再增设一道水平支撑。

(4) 满堂模板立杆除必须在四周及中间设置纵、横双向水平支撑外，当立杆高度超过 4m 以上时，尚应每隔两步设置一道水平剪刀撑。

(5) 当采用多层支模时，上下各层立杆应保持在同一垂直线上。

（6）需进行二次支撑的模板，当安装二次支撑时，模板上不得有施工荷载。

（7）模板支架的安装应按照设计图纸进行，安装完毕浇筑混凝土前，经验收确认符合要求。

（8）应严格控制模板上堆料及设备荷载，当采用小推车运输时，应搭设小车运输通道，将荷载传给建筑结构。

4. 模板拆除

（1）模板支架拆除必须有工程负责人的批准手续及混凝土的强度报告。

（2）模板拆除顺序应按设计方案进行。当无规定时，应按照先支的后拆，先拆主承重模板后拆次承重模板。

（3）拆除较大跨度梁下支柱时，应先从跨中开始，分别向两端拆除。拆除多层楼板支柱时，应确认上部施工荷载不需要传递的情况下方可拆除下部支柱。

（4）当水平支撑超过二道以上时，应先拆除二道以上水平支撑，最下一道大横杆与立杆应同时拆除。

（5）模板拆除应按规定逐次进行，不得采用大面积撬落方法。拆除的模板、支撑、连接件应用槽滑下或用绳系下。不得留有悬空模板。

5. 模板施工环保措施

（1）在制作和设计模板时，尽量节约材料。

（2）对在加工或使用后的残余材料集中处理，对废木屑应集中处理。锯末集中收集，加以二次利用（用于养护或其他）。二次利用完毕后集中处理。

（3）使用电锯时，遵守作息时间，保证在正常的施工时间内使用。其他如电刨的使用亦应如此。模板运输时轻拿轻放。模板调整时，不要过度敲击，避免损坏模板及其附件和造成大的噪声。

（4）模板拆除时，必须尽量保存模板的完整性，减少模板的报废率。废旧模板用的穿墙螺栓等要收集处理。模板进行清理时，应避免破坏模板和其配件。

（5）涂刷脱模剂时，防止泄漏，以免污染土壤，禁止用废旧的机油代替脱模剂。

## 9.2 钢筋施工

9.2.1 施工要点

（1）钢筋工程宜采用专业化生产的成型钢筋。

（2）钢筋连接方式应根据设计要求和施工条件选用。

（3）当需要进行钢筋代换时，应办理设计变更文件。

（4）材料。

① 钢筋的性能应符合国家现行有关标准的规定。常用钢筋的公称直径、公称截面面积、计算截面面积及理论重量，应符合《混凝土结构工程施工质量验收规范》（GB 50204）的规定。

② 对有抗震设防要求的结构，其纵向受力钢筋的性能应满足设计要求；当设计无具体要求时，对按一、二、三级抗震等级设计的框架和斜撑构件（含梯段）中的纵向受力钢筋应采用 HRB335E、HRB400E、HRB500E、HRBF335E、HRBF400E 或 HRBF500E 钢筋，其强度和最大力下总伸长率的实测值应符合下列规定：

A. 钢筋的抗拉强度实测值与屈服强度实测值的比值不应小于 1.25；

B. 钢筋的屈服强度实测值与屈服强度标准值的比值不应大于 1.30；

C. 钢筋的最大力下总伸长率不应小于 9％。

③ 施工过程中应采取防止钢筋混淆、锈蚀或损伤的措施。

④ 施工中发现钢筋脆断、焊接性能不良或力学性能显著不正常等现象时，应停止使用该批钢筋，并对该批钢筋进行化学成分检验或其他专项检验。

（5）钢筋加工。

① 钢筋加工前应将表面清除干净。表面有颗粒状、片状老锈或有损伤的钢筋不得使用。

② 钢筋加工宜在常温状态下进行，加工过程中不应对钢筋进行加热。钢筋应一次弯折到位。

③ 钢筋宜采用无机械设备进行调直，也可采用冷拉方法调直。当采用机械设备调直时，调直设备不应具有延伸功能。当采用冷拉方法调直时，HPB300 光圆钢筋的冷拉率不宜大于 4％；HRB335、HRB400、HRB500、HRBF335、HRBF400、HRBF500 及 RRB400 带肋钢筋的冷拉率不宜大于 1％。钢筋调直过程中不应损伤带肋钢筋的横肋。调直后的钢筋应平直，不应有局部弯折。

④ 钢筋弯折的弯弧内直径应符合下列规定：

A. 光圆钢筋，不应小于钢筋直径的 2.5 倍；

B. 335MPa 级、400MPa 级带肋钢筋，不应小于钢筋直径的 4 倍；

C. 500MPa 级带肋钢筋，当直径为 28mm 以下时不应小于钢筋直径的 6 倍，当直径为 28mm 及以上时不应小于钢筋直径的 7 倍；

D. 位于框架结构顶层端节点处的梁上部纵向钢筋和柱外侧纵向钢筋，在节点角部弯折处，当钢筋直径为 28mm 以下时不宜小于钢筋直径的 12 倍，当钢筋直径为 28mm 及以上时不宜小于钢筋直径的 16 倍；

E. 箍筋弯折处上不应小于纵向受力钢筋直径；箍筋弯折处纵向受力钢筋为搭接钢筋或并筋时，应按钢筋实际排布情况确定箍筋弯弧内直径。

⑤ 纵向受力钢筋的弯折后平直段长度应符合设计要求及现行国家标准《混凝土结构设计规范》（GB 50010）的有关规定。光圆钢筋末端作 180°弯钩时，弯钩的弯后平直段长度不应小于钢筋直径的 3 倍。

⑥ 箍筋、拉筋的末端应按设计要求作弯钩。并应符合下列规定：

A. 对一般结构构件，箍筋弯钩的弯折角度不应小于 90°，弯折后平直段长度不应小于箍筋直径的 5 倍；对有抗震设防要求或设计有专门要求的结构构件，箍筋弯钩的弯折角度不应小于 135°，弯折后平直段长度不应小于箍筋直径的 10 倍和 75mm 两者之中的较大值；

B. 圆柱箍筋的搭接长度不应小于其受拉锚固长度，且两末端均应作不小于 135°的弯钩，弯折后平直段长度对一般结构构件不应小于箍筋直径的 5 倍，对有抗震设防要求的结构构件不应小于箍筋直径的 10 倍和 75mm 的较大值；

C. 拉筋用作梁、柱复合箍筋中单肢箍筋或梁腰筋间拉结筋时，两端弯钩的弯折角度均不应小于 135°，弯折后平直段长度应符合上述 A. 条对箍筋的规定；拉筋用作剪力墙、楼板等构件中拉结筋时，两端弯钩可采用一端 135°另一端 90°，弯折后平直段长度不应小于拉筋直径的 5 倍。

⑦ 焊接封闭箍筋宜采用闪光对焊，也可采用气压焊或单面搭接焊，并宜采用专用设备进行焊接。焊接封闭箍筋下料长度和端头加工应按焊接工艺确定。焊接封闭箍筋的焊点设置，应符合下列规定：

A. 每个箍筋的焊点数量应为 1 个，焊点宜位于多边形箍筋中的某边中部，且距箍筋弯折处的位置不宜小于100mm；

B. 矩形柱箍筋焊点宜设在柱短边，等边多边形柱箍筋焊点可设在任一边；不等边多边形柱箍筋焊点应位于不同边上；

C. 梁箍筋焊点应设置在顶边或底边。

⑧ 当钢筋采用机械锚固措施时，钢筋锚固端的加工应符合国家现行相关标准的规定。采用钢筋锚固板时，应符合现行行业标准《钢筋锚固板应用技术规程》（JGJ 256）的规定。

（6）钢筋连接与安装。

① 钢筋接头宜设置在受力较小处；有抗震设防要求的结构中，梁端、柱端箍筋加密区范围内不宜设置钢筋接头，且不应进行钢筋搭接。同一纵向受力钢筋不宜设置两个或两个以上接头。接头末端至钢筋弯起点的距离，不应小于钢筋直径的 10 倍。

② 钢筋机械连接施工应符合下列规定：

A. 加工钢筋接头的操作人员应经专业培训合格后上岗，钢筋接头的加工应经工艺检验合格后方可进行。

B. 机械连接接头的混凝土保护层宜符合现行国家标准《混凝土结构设计规范》（GB 50010）中受力钢筋的混凝土保护层最小厚度规定，且不得小于 15mm。接头之间的横向净间距不宜小于 25mm。

C. 螺纹接头安装后应使用专用扭力扳手校核拧紧扭力矩。挤压接头压痕直径的波动范围应控制在允许范围内，并使用专用量规进行检验。

D. 机械连接接头的适用范围、工艺要求、套筒材料及质量要求等应符合现行行业标准《钢筋机械连接通用技术规程》（JGJ 107）的有关规定。

③ 钢筋焊接施工应符合下列规定：

A. 从事钢筋焊接施工的焊工应持有钢筋焊工考试合格证，并应按照合格证规定的范围上岗操作；

B. 在钢筋工程焊接施工前，参与该项工程施焊的焊工应进行现场条件下的焊接工艺试验，经试验合格后，方可进行焊接。焊接过程中，如果钢筋牌号、直径发生变更，应再次进行焊接工艺试验。工艺试验使用的材料、设备、辅料及作业条件均应与实际施工一致；

C. 细晶粒热轧钢筋及直径大于 28mm 的普通热轧钢筋，其焊接参数应经试验确定；余热处理钢筋不宜焊接；

D. 电渣压力焊只应使用于柱、墙等构件中竖向受力钢筋的连接；

E. 钢筋焊接接头的适用范围、工艺要求、焊条及焊剂选择、焊接操作及质量要求等用符合现行行业标准《钢筋焊接及验收规程》（JGJ 18）的有关规定。

④ 当纵向受力钢筋采用机械连接接头或焊接接头时，接头的设置应符合下列规定：

A. 同一构件内的接头宜分批错开；

B. 接头连接区段内的长度为 $35d$，且不应小于 500mm，凡接头中点位于该连接区段长度内的接头均应属于同一连接区段；其中 $d$ 为相互连接两根钢筋中较小直径；

C. 同一连接区段内，纵向受力钢筋的接头面积百分率为该区段内有接头的纵向受力钢筋截面面积与全部纵向受力钢筋截面面积的比值；纵向受力钢筋的接头面积百分率应符合下列规定：

a. 受拉接头，不宜大于 50％；受压接头，可不受限制；

b. 墙、板、柱中受拉机械连接接头，可根据实际情况放宽；装配式混凝土结构构件连接处受拉接头，可根据实际情况放宽；

c. 直接承受动力荷载的结构构件中，不宜采用焊接；当采用机械连接时，不应超过 50％。

⑤ 当纵向受力钢筋采用绑扎搭接接头时，街头的设置应符合下列规定：

A. 同一构件内的接头宜分批错开。各接头的横向净距不应小于钢筋直径，且不应小于 25mm。

B. 接头连接区段的长度为 1.3 倍搭接长度，凡搭接接头中点位于该连接区段长度内的接头均应属于同一连接区段；搭接长度可取相互连接两根钢筋中较小直径计算。纵向受力钢筋的最小搭接长度应符合《混凝土结构工程施工质量验收规范》（GB 50204）的规定。

C. 同一连接区段内，纵向受力钢筋接头面积百分率为该区段内有接头的纵向受力钢筋截面面积与全部纵向受力钢筋截面面积的比值。纵向受压钢筋的接头面积百分率可不受限制；纵向受拉钢筋的接头面积百分率应符合搭接接头同一连接区段内的搭接钢筋为两根，当各钢筋直径相同时，接头面积百分率为 50％。

a. 梁、板类及墙类构件，不宜超过 25％，基础筏板，不宜超过 50％。

174

b. 柱类构件，不宜超过 50%。

c. 当工程中确有必要增大接头面积百分率时，对梁类构件，不应大于 50%；对其他构件，可根据实际情况适当放宽。

⑥ 在梁、柱类构件的纵向受力钢筋搭接长度范围内应按设计要求配置箍筋，并应符合下列规定：

A. 箍筋直径不应小于搭接钢筋较大直径的 25%；

B. 受拉搭接区段的箍筋间距不应大于搭接钢筋较小直径的 5 倍，且不应大于 100mm；

C. 受压搭接区段的箍筋间距不应大于搭接钢筋较小直径的 10 倍，且不应大于 200mm；

D. 当柱中纵向受力钢筋直径大于 25mm 时，应在搭接接头两个端面外 100mm 范围内各设置二个箍筋，其间距宜为 50mm。

⑦ 钢筋绑扎应符合下列规定：

A. 钢筋的绑扎搭接接头应在接头中心和两端用钢丝扎牢；

B. 墙、柱、梁钢筋骨架中各竖向面钢筋网交叉点应全数绑扎；板上部钢筋网的交叉点应全数绑扎，底部钢筋网除边缘部分外可间隔交错绑扎；

C. 梁、柱的箍筋弯钩及焊接封闭箍筋的焊点应沿纵向受力钢筋方向错开设置；

D. 填充墙构造柱纵向钢筋宜与承重结构钢筋同步绑扎；

E. 梁及柱中箍筋、墙中水平分布钢筋、板中钢筋距构件边缘的起始距离宜 50mm。

⑧ 构件交接处的钢筋位置应符合设计要求。当设计无具体要求时，应保证主要受力构件和构件中主要受力方向的

钢筋位置。框架节点处梁纵向受力钢筋宜放在柱纵向钢筋内侧；当主次梁底部标高相同时，次梁下部钢筋应放在主梁下部钢筋之上；剪力墙中水平分布钢筋宜放在外侧，并宜在墙端弯折锚固。

⑨ 钢筋安装应采用定位件固定钢筋的位置，并宜采用专用定位件。定位件应具有足够的承载力、刚度、稳定性和耐久性。定位件的数量、间距和固定方式，应能保证钢筋的位置偏差符合国家现行有关标准的规定。混凝土框架梁、柱保护层内，不宜采用金属定位件。

⑩ 钢筋安装过程中，因施工操作需要而对钢筋进行焊接时，应符合现行行业标准《钢筋焊接及验收规程》（JGJ 18）的有关规定。

⑪ 采用复合箍筋时，箍筋外围应封闭。梁类构件复合箍筋内部，宜选用封闭箍筋，单数肢也可采用拉筋；柱类构件复合箍筋内部可部分采用拉筋。

⑫ 钢筋安装应采取防止钢筋受模板、模具内表面的脱模剂污染的措施。

### 9.2.2　质量要点

1. 材料

（1）钢筋进场时，应按国家现行相关标准的规定抽取试件作屈服强度、抗拉强度、伸长率、弯曲性能和重量偏差检验，检验结果必须符合相关标准的规定。

检查数量：按进场批次和产品的抽样检验方案确定。

检验方法：检查质量证明文件和抽样复验报告。

〔说明〕钢筋的进场检验，应按照现行国家标准《钢筋混凝土用钢　第 1 部分：热轧光圆钢筋》（GB 1499.1）、《钢筋混凝土用钢　第 2 部分：热轧带肋钢筋》（GB

1499.2）规定的组批规则、取样数量和方法进行检验，检验结果应符合上述标准的规定。

一般钢筋检验断后伸长率即可，牌号带 E 的钢筋检验最大力下总伸长率。钢筋的质量证明文件主要为产品合格证和出厂检验报告。

（2）成型钢筋进场时，应抽取试件作屈服强度、抗拉强度、伸长率和重量偏差检验，检验结果必须符合相关标准的规定。

检查数量：同一工程、同一类型、同一原材料来源、同一组生产设备生产的成型钢筋，检验批量不应大于 30t。

检验方法：检查质量证明文件和抽样复验报告。

（3）对按一、二、三级抗震等级设计的框架和斜撑构件（含梯段）中的纵向受力普通钢筋应采用 HRB335E、HRB400E、HRB500E、HRBF335E、HRBF400E 或 HRBF500E 钢筋，其强度和最大力下总伸长率的实测值应符合下列规定：

① 钢筋的抗拉强度实测值与屈服强度实测值的比值不应小于 1.25；

② 钢筋的屈服强度实测值与屈服强度标准值的比值不应大于 1.30；

③ 钢筋的最大力下总伸长率不应小于 9%。

检查数量：按进场的批次和产品的抽样检验方案确定。

检查方法：检查抽样复验报告。

2. 钢筋加工

主控项目

（1）钢筋弯折的弯弧内直径应符合下列规定：

① 光圆钢筋，不应小于钢筋直径的 2.5 倍；

② 335MPa 级、400MPa 级带肋钢筋，不应小于钢筋直

径的 4 倍；

　　③ 500MPa 级带肋钢筋，当直径为 28mm 以下时不应小于钢筋直径的 6 倍，当直径为 28mm 及以上时不应小于钢筋直径的 7 倍；

　　④ 箍筋弯折处尚不应小于纵向受力钢筋直径。

　　检查数量：按每工作班同一类型钢筋、同一加工设备抽查不应少于 3 件。

　　检验方法：尺量检查。

　　(2) 箍筋、拉筋的末端应按设计要求作弯钩，并应符合下列规定：

　　① 对一般结构构件，箍筋弯钩的弯折角度不应小于 90°，弯折后平直段长度不应小于箍筋直径的 5 倍；对有抗震设防要求或设计有专门要求的结构构件，箍筋弯钩的弯折角度不应小于 135°，弯折后平直段长度不应小于箍筋直径的 10 倍和 75mm 两者之中的较大值；

　　② 圆形箍筋的搭接长度不应小于其受拉锚固长度，且两末端均应作不小于 135° 的弯钩，弯折后平直段长度对一般结构构件不应小于箍筋直径的 5 倍，对有抗震设防要求的结构构件不应小于箍筋直径的 10 倍和 75mm 的较大值；

　　③ 拉筋用作梁、柱复合箍筋中单肢箍筋或梁腰筋间拉结筋时，两端弯钩的弯折角度均不应小于 135°，弯折后平直段长度应符合上述①条对箍筋的有关规定。

　　检查数量：按每工作班同一类型钢筋、同一加工设备抽查不应少于 3 件。

　　检验方法：尺量检查。

　　(3) 盘卷钢筋调直后应进行力学性能和重量偏差的检验，其强度应符合现行国家有关标准的规定，其断后伸长率、重量负偏差应符合表 9-3 的规定。重量负偏差不符合要求时，调直钢筋不得复检。

表 9-3　盘卷调直后的断后伸长率、重量负偏差要求

| 钢筋牌号 | 断后伸长率 $A$（%） | 重量负偏差（%） | |
|---|---|---|---|
| | | 直径 6mm～12mm | 直径 14mm～20mm |
| HPB300 | ≥21 | ≤10 | — |
| HRB335、HRBF335 | ≥16 | ≤7 | ≤6 |
| HRB400、HRBF400 | ≥15 | | |
| RRB400 | ≥13 | | |
| HRB500、HRBF500 | ≥14 | | |

注：1. 断后伸长率 $A$ 的量测标距为 5 倍钢筋直径；

　　2. 重量负偏差（%）按公式 $(W-W)/W \times 100$ 计算；其中 $W$ 为钢筋理论重量（kg），取理论重量（kg/m）与 3 试样调直后长度之和（$m$）的乘积；$W_d$ 为 3 个钢筋试件的重量之和（kg）。

采用无延伸功能的机械设备调直的钢筋，可不进行规定的检验。

检查数量：同一厂家、同一牌号、同一规格调直钢筋，重量不大于 30t 为一批；每批见证取 3 件试件。当连续三批检验均一次合格时，检验批的容量可扩大为 60t。

检验方法：3 个试件先进行重量偏差检验，再取其中 2 个试件经时效处理后进行力学性能检验。检验重量偏差时，试件切口应平滑并与长度方向垂直，且长度不应小于 500mm；长度和重量的量测精度分别不应低于 1mm 和 1g。

3. 钢筋连接

（1）钢筋的连接方式应符合设计要求。

检查数量：全数检查。

检验方法：观察。

（2）应按现行行业标准《钢筋机械连接技术规程》（JGJ 107）、《钢筋焊接及验收规程》（JGJ 18）的规定抽取钢筋机械连接接头、焊接接头试件作力学性能检验，检验结果应符合相关标准的规定。

检查数量：按现行行业标准《钢筋机械连接技术规程》（JGJ 107）、《钢筋焊接及验收规程》（JGJ 18）的规定确定。接头试件应现场截取。

检验方法：检查质量证明文件和抽样复验报告。

（3）对机械连接接头，直螺纹接头安装后应按现行行业标准《钢筋机械连接技术规程》（JGJ 107）的规定检验拧紧扭矩；挤压接头应量测压痕直径，其检验结果应符合该规程的相关规定。

检查数量：按现行行业标准《钢筋机械连接技术规程》（JGJ 107）的规定确定。

检验方法：使用专用扭力扳手或专用量规检查。

4. 钢筋安装

（1）受力钢筋的牌号、规格、数量必须符合设计要求。

检查数量：全数检查。

检验方法：观察，尺量检查。

（2）纵向受力钢筋的锚固方式和锚固长度应符合设计要求。

检查数量：全数检查。

检验方法：观察、尺量检查。

9.2.3　质量验收

钢筋分项工程是普通钢筋进场检验、钢筋加工、钢筋连接、钢筋安装等一系列技术工作和完成实体的总称。钢筋分项工程所含的检验批可根据施工工序和验收的需要确定。

（1）浇筑混凝土之前，应进行钢筋隐蔽工程验收，其内容应包括：

① 纵向受力钢筋的牌号、规格、数量、位置；

② 钢筋的连接方式、接头位置、接头数量、接头面积百分率、搭接长度、锚固方式及锚固长度；

③ 箍筋、横向钢筋的牌号、规格、数量、间距，箍筋弯钩的弯折角度及平直段长度；

④ 预埋件的规格、数量、位置。

钢筋验收时，首先检查钢筋牌号、规格、数量，再检查位置偏差，不允许钢筋间距累计正偏差后造成钢筋数量减少。

（2）钢筋进场检验，当满足下列条件之一时，其检验批容量可扩大一倍：

① 经产品认证符合要求的钢筋；

② 同一工程、同一厂家、同一牌号、同一规格的钢筋、成型钢筋，连续三次进场检验均一次检验合格。

（3）钢筋焊接网和焊接骨架的焊点验收应按照现行国家标准《钢筋焊接及验收规程》（JGJ 18）的相关规定执行。

9.2.4 安全与环保措施

1. 钢筋施工安全

（1）机械必须设置防护装置，注意每台机械必须一机一闸并设漏电保护开关。

（2）工作场所保持道路畅通，危险部位必须设置明显标志。

（3）操作人员必须持证上岗。熟识机械性能和操作规程。

（4）搬运钢筋时，要注意前后方向有无碰撞危险或被钩挂料物，特别是避免碰挂周围和上下方向的电线。人工抬运钢筋，上肩卸料要注意安全。

（5）起吊或安装钢筋时，应和附近高压线路或电源保持一定安全距离，在钢筋林立的场所，雷雨时不准操作和站人。

（6）在高空安装钢筋应选好位置站稳，系好安全带。

（7）对焊前应清理钢筋与电极表面污泥、铁锈。使电极接触良好，以免出现"打火"现象。

（8）对焊完毕不要过早松开夹具，连接头处高温时不要抛掷钢筋接头，不准往高温接头上浇水，较长钢筋对接应安置台架上。

（9）对焊机选择参数，包括功率和二次电压应与对焊钢筋时相匹配，电极冷却水的温度，不超过 40℃，机身应接地良好。

（10）闪光火花飞贱的方向要有良好的防护安全设施。

（11）电渣焊使用的焊机设备外壳应接零或接地，露天放置的焊机有防雨遮盖。

（12）焊接电缆必须有完整的绝缘，绝缘性能不良的电缆禁止使用。

（13）在潮湿的地方作业时，应用干燥的木板或橡胶片等绝缘物作垫板。

（14）焊工作业，应穿戴焊工专用手套、绝缘鞋、手套及绝缘鞋应保持干燥。

（15）在大、中雨天时严禁进行焊接施工。在雨天时，焊接施工现场要有可靠的遮蔽防护措施，焊接设备要遮蔽好，电线要保证绝缘良好，焊药必须保持干燥。

（16）在高温天气施工蚶，焊接施工现场要做好防暑降温工作。

（17）用于电渣焊作业的工作台、脚手架，应牢固、可靠、安全、适用。

2. 钢筋施工环保措施

（1）钢筋进场时的装卸必须用吊车上、下装卸，轻拿轻放，避免产生噪声。

（2）对锈蚀过重的钢筋除锈，将除下来的铁锈集中清扫统一处理。

（3）钢筋进场切割时，切下来的铁锈不可与其他垃圾混放。

（4）钢筋加工机械（切割机、卷扬机、弯曲机等）的维修、擦拭的棉纱统一处理。机械经常进行维修，对有漏油现象的机械必须停止使用，进行维修，防止漏油过多而污染土地。

（5）钢筋绑扎时，一次绑扎成型到位，避免修整，避免对钢筋的砸和敲击产生的噪声影响周围居民区，尤其夜间更不能敲击。

（6）现场的废弃钢筋头、废弃绑丝、废弃垫块都统一回收处理。在使用电焊机时，注意焊条的节约。焊条头要统一回收处理。

# 9.3　混凝土分项施工

## 9.3.1　施工要点

1. 混凝土结构施工宜采用预拌混凝土

（1）混凝土制备应符合下列规定：

① 预拌混凝土应符合现行国家标准《预拌混凝土》（GB 14902）的有关规定；

② 现场搅拌混凝土宜采用具有自动计量装置的设备集中搅拌；

③ 当不具备上述①、②条规定的条件时，应采用符合现行国家标准《混凝土搅拌机》（GB/T 9142）的搅拌机进行搅拌，并应配备计量装置。

（2）混凝土运输应符合下列规定：

① 混凝土宜采用搅拌运输车运输，运输车辆应符合国家现行有关标准的规定；

② 运输过程中应保证混凝土拌和物的均匀性和工作性；

③ 应采取保证连续供应的措施，并应满足现场施工的需要。

2. 原材料

（1）混凝土原材料的主要技术指标应符合《混凝土结构工程施工质量验收规范》（GB 50204）和国家现行有关标准的规定。

（2）水泥的选用应符合下列规定：

① 水泥品种与强度等级应根据设计、施工要求，以及工程所处环境条件确定；

② 普通混凝土宜选用通用硅酸盐水泥；有特殊需要时，也可选用其他品种水泥；

③ 有抗渗、抗冻融要求的混凝土，宜选用硅酸盐水泥或普通硅酸盐水泥；

④ 处于潮湿环境的混凝土结构，当使用碱活性骨料时，宜采用低碱水泥。

（3）粗骨料宜选用粒形良好、质地坚硬的洁净碎石或卵石，并应符合下列规定：

① 粗骨料最大粒径不应超过构件截面最小尺寸的 1/4，且不应超过钢筋最小净间距的 3/4；对于实心混凝土板，粗骨料的最大粒径不宜超过板厚的 1/3，且不应超过 40mm；

② 粗骨料宜采用连续粒级，也可用单粒级组合成满足要求的连续粒级；

③ 含泥量、泥块含量指标应符合《混凝土结构工程施工质量验收规范》（GB 50204）的规定。

（4）细骨料宜选用级配良好、质地坚硬、颗粒洁净的天然砂或机制砂，并应符合下列规定：

① 细骨料宜选用Ⅱ区中砂。当选用Ⅰ区砂时，应提高砂率，并应保持足够的胶凝材料用量，同时应满足混凝土的工作性要求；当采用Ⅲ区砂时，宜适当降低砂率；

② 混凝土细骨料中氯离子含量，对钢筋混凝土，按干砂的质量百分率计算不得大于 0.06%；对预应力混凝土，按干砂的质量百分率计算不得大于 0.02%；

③ 含泥量、泥块含量指标应符合本规范附录 F 的规定；

④ 海砂应符合现行行业标准《海砂混凝土应用技术规范》（JGJ 206）的有关规定。

（5）强度等级为 C60 及以上的混凝土所用骨料除，应符合《混凝土结构工程施工质量验收规范》（GB 50204）的规定外，还应符合下列规定：

① 粗骨料压碎指标的控制值应经试验确定；

② 粗骨料最大粒径不宜超过 25mm，针片状颗粒含量不应大于 8.0%，含泥量不应大于 0.5%，泥块含量不应大于 0.2%；

③ 细骨料细度模数宜控制为 2.6～3.0，含泥量不应大

于 2.0%，泥块含量不应大于 0.5%。

（6）有抗渗、抗冻融或其他特殊要求的混凝土，宜选用连续级配的粗骨料，最大粒径不宜大于 40mm，含泥量不应大于 1.0%，泥块含量不应大于 0.5%；所用细骨料含泥量不应大于 3.0%，泥块含量不应大于 1.0%。

（7）矿物掺和料选用应根据设计、施工要求，以及工程所处环境条件确定，其掺量应通过试验确定。

（8）外加剂的选用应根据设计、施工要求，混凝土原材料性能以及工程所处环境条件等因素通过试验确定，并应符合下列规定：

① 当使用碱活性骨料时，由外加剂带入的碱含量（以当量氧化钠计）不宜超过 $1.0kg/m^3$，混凝土总碱含量还应符合现行国家标准《混凝土结构设计规范》（GB 50010）等的有关规定；

② 不同品种外加剂首次复合使用时，应检验混凝土外加剂的相容性。

（9）混凝土拌和及养护用水，应符合现行行业标准《混凝土用水标准》（JGJ 63）的有关规定。

（10）未经处理的海水严禁用于钢筋混凝土结构和预应力混凝土结构中混凝土的拌制和养护。

（11）原材料进场后，应按种类、批次分开储存与堆放，应标识明晰，并应符合下列规定：

① 散装水泥、矿物掺和料等粉体材料，应采用散装罐分开储存；袋装水泥、矿物掺和料、外加剂等，应按品种、批次分开码垛堆放，并应采取防雨、防潮措施，高温季节应有防晒措施；

② 骨料应按品种、规格分别堆放，不得混入杂物，并

应保持洁净与颗粒级配均匀。骨料堆放场地的地面应做硬化处理，并应采取排水、防尘和防雨等措施；

③ 液体外加剂应放置阴凉干燥处，应防止日晒、污染、浸水，使用前应搅拌均匀；有离析、变色等现象时，应经检验合格后再使用。

3. 混凝土配合比

（1）混凝土配合比设计应经试验确定，并应符合下列规定：

① 应在满足混凝土强度、耐久性和工作性要求的前提下，减少水泥和水的用量；

② 当有抗冻、抗渗、抗氯离子侵蚀和化学腐蚀等耐久性要求时，还应符合现行国家标准《混凝土结构耐久性设计规范》（GB/T 50476）的有关规定；

③ 应分析环境条件对施工及工程结构的影响；

④ 试配所用的原材料应与施工实际使用的原材料一致。

（2）混凝土的配制强度应按下列规定计算：

① 当设计强度等级小于 C60 时，配制强度应按下式确定：

$$f_{cu,0} \geqslant f_{cu,k} + 1.645\sigma$$

式中　$f_{cu,0}$——混凝土的配制强度（MPa）；

　　　$f_{cu,k}$——混凝土立方体抗压强度标准值（MPa）；

　　　　$\sigma$——混凝土强度标准差（MPa），应按《普通混凝土配合比设计规程》（JGJ 55）确定。

② 当设计强度等级不低于 C60 时，配制强度应按下式确定：

$$f_{cu,0} \geqslant 1.15 f_{cu,k}$$

（3）混凝土强度标准差应按下列规定确定：

① 当具有近期的同品种混凝土的强度资料时，其混凝土强度标准差 $\sigma$ 应按下列公式计算：

$$\sigma = \sqrt{\frac{\sum_{i=1}^{n} f_{cu,i}^2 - n m_{f_{cu}}^2}{n-1}}$$

式中　$f_{cu,i}$ —— 第 $i$ 组的试件强度（MPa）；

　　　$m_{f_{cu}}$ —— $n$ 组试件的强度平均值（MPa）；

　　　$n$ —— 试件组数，$n$ 值不应小于 30。

② 按本条第 1 款计算混凝土强度标准差时：强度等级不高于 C30 的混凝土，计算得到的 $\sigma$ 大于等于 3.0MPa 时，应按计算结果取值；计算得到的 $\sigma$ 小于 3.0MPa 时，$\sigma$ 应取 3.0MPa；强度等级高于 C30 且低于 C60 的混凝土，计算得到的 $\sigma$ 大于等于 4.0MPa 时，应按计算结果取值；计算得到的 $\sigma$ 小于 4.0MPa 时，$\sigma$ 应取 4.0MPa。

③ 当没有近期的同品种混凝土强度资料时，其混凝土强度标准差 $\sigma$ 可按表 9-4 取用。

**表 9-4　混凝土强度标准差 $\sigma$ 值**　　　　（MPa）

| 混凝土强度标准值 | ≤C20 | C25～C45 | C50～C55 |
|---|---|---|---|
| $\sigma$ | 4.0 | 5.0 | 6.0 |

（4）混凝土的工作性指标应根据结构形式、运输方式和距离、泵送高度、浇筑和振捣方式，以及工程所处环境条件等确定。

（5）混凝土最大水胶比和最小胶凝材料用量，应符合现行行业标准《普通混凝土配合比设计规程》（JGJ 55）的有关规定。

（6）当设计文件对混凝土提出耐久性指标时，应进行相

**188**

关耐久性试验验证。

（7）大体积混凝土的配合比设计，应符合下列规定：

① 在保证混凝土强度及工作性要求的前提下，应控制水泥用量，宜选用中、低水化热水泥，并宜掺加粉煤灰矿渣粉；

② 温度控制要求较高的大体积混凝土，其胶凝材料用量、品种等宜通过水化热和绝热温升试验确定；

③ 宜采用高性能减水剂。

（8）混凝土配合比的试配、调整和确定，应按下列步骤进行：

① 采用工程实际使用的原材料和计算配合比进行试配。每盘混凝土试配量不应小于20L；

② 进行试拌，并调整砂率和外加剂掺量等使拌和物满足工作性要求，提出试拌配合比；

③ 在试拌配合比的基础上，调整胶凝材料用量，提出不少于3个配合比进行试配。根据试件的试压强度和耐久性试验结果，选定设计配合比；

④ 应对选定的设计配合比进行生产适应性调整，确定施工配合比；

⑤ 对采用搅拌运输车运输的混凝土，当运输时间较长时，试配时应控制混凝土坍落度经时损失值。

（9）施工配合比应经技术负责人批准。在使用过程中，应根据反馈的混凝土动态质量信息对混凝土配合比及时进行调整。

（10）遇有下列情况时，应重新进行配合比设计：

① 当混凝土性能指标有变化或有其他特殊要求时；

② 当原材料品质发生显著改变时；

③ 同一配合比的混凝土生产间断 3 个月以上时。

4. 混凝土搅拌

（1）当粗、细骨料的实际含水量发生变化时，应及时调整粗、细骨料和拌合用水的用量。

（2）混凝土搅拌时应对原材料用量准确计量，并应符合下列规定：

① 计量设备的精度应符合现行国家标准《混凝土搅拌站（楼）》（GB 10171）的有关规定，并应定期校准。使用前设备应归零；

② 原材料的计量应按重量计，水和外加剂溶液可按体积计，其允许偏差应符合表 9-5 的规定。

表 9-5　混凝土原材料计量允许偏差　（％）

| 原材料品种 | 水泥 | 细骨料 | 粗骨料 | 水 | 矿物掺和料 | 外加剂 |
|---|---|---|---|---|---|---|
| 每盘计量允许偏差 | ±2 | ±3 | ±3 | ±1 | ±2 | ±1 |
| 累计计量允许偏差 | ±1 | ±2 | ±2 | ±1 | ±1 | ±1 |

注：1. 现场搅拌时原材料计量允许偏差应满足每盘计量允许偏差要求；

2. 累计计量允许偏差指每一运输车中各盘混凝土的每种材料累计称量的偏差，该项指标仅适用于采用计算机控制计量的搅拌站；

3. 骨料含水率应经常测定，雨、雪天施工应增加测定次数。

（3）采用分次投料搅拌方法时，应通过试验确定投料顺序、数量及分段搅拌的时间等工艺参数。矿物掺和料宜与水泥同步投料，液体外加剂宜滞后于水和水泥投料；粉状外加剂宜溶解后再投料。

（4）混凝土应搅拌均匀，宜采用强制式搅拌机搅拌。混凝土搅拌的最短时间可按表 9-6 采用，当能保证搅拌均匀时可适当缩短搅拌时间。搅拌强度等级 C60 及以上的混凝土时，搅拌时间应适当延长。

表 9-6　混凝土搅拌的最短时间　　　　　（s）

| 混凝土坍落度（mm） | 搅拌机机型 | 搅拌机出料量（L） | | |
|---|---|---|---|---|
| | | $<250$ | $250\sim500$ | $>500$ |
| $\leqslant40$ | 强制式 | 60 | 90 | 120 |
| $>40$，且$<100$ | 强制式 | 60 | 60 | 90 |
| $\geqslant100$ | 强制式 | 60 | | |

注：1. 混凝土搅拌时间指从全部材料装入搅拌筒中起，到开始卸料时止的时间段；

　　2. 当掺有外加剂与矿物掺和料时，搅拌时间应适当延长；

　　3. 采用自落式搅拌机时，搅拌时间宜延长 30s；

　　4. 当采用其他形式的搅拌设备时，搅拌的最短时间也可按设备说明书的规定或经试验确定。

（5）对首次使用的配合比应进行开盘鉴定，开盘鉴定应包括下列内容：

① 混凝土的原材料与配合比设计所采用原材料的一致性；

② 出机混凝土工作性与配合比设计要求的一致性；

③ 混凝土强度；

④ 混凝土凝结时间；

⑤ 工程有要求时，尚应包括混凝土耐久性能等。

5. 混凝土运输

（1）采用混凝土搅拌运输车运输混凝土时，应符合下列规定：

① 接料前，搅拌运输车应排净罐内积水；

② 在运输途中及等候卸料时，应保持搅拌运输车罐体正常转速，不得停转；

③ 卸料前，搅拌运输车罐体宜快速旋转搅拌 20s 以上后再卸料。

191

（2）采用搅拌运输车运输混凝土时，施工现场车辆出入口处应设置交通安全指挥人员，施工现场道路应顺畅，有条件时宜设置循环车道；危险区域应设警戒标志；夜间施工时，应有良好的照明。

（3）采用搅拌运输车运输混凝土，当混凝土坍落度损失较大不能满足施工要求时，可在运输车罐内加入适量的与原配合比相同成分的减水剂。减水剂加入量应事先由试验确定，并应作出记录。加入减水剂后，混凝土罐车罐体应快速旋转搅拌均匀，并应达到要求的工作性能后再泵送或浇筑。

（4）当采用机动翻斗车运输混凝土时，道路应通畅，路面应平整、坚实，临时坡道或支架应牢固，铺板接头应平顺。

### 9.3.2 质量要点

（1）原材料进场时，供方应对进场材料按材料进场验收所划分的检验批提供相应的质量证明文件。外加剂产品尚应提供使用说明书。当能确认连续进场的材料为同一厂家的同批出厂材料时，可按出厂的检验批提供质量证明文件。

（2）原材料进场时，应对材料外观、规格、等级、生产日期等进行检查，并应对其主要技术指标按《混凝土结构工程施工质量验收规范》（GB 50204）的规定划分检验批进行抽样检验，每个检验批检验不得少于 1 次。

经产品认证符合要求的水泥、外加剂，其检验批可扩大一倍。在同一工程中，同一厂家、同一品种、同一规格的水泥、外加剂，连续三次进场检验均一次合格时，其后的检验批量可扩大一倍。

（3）原材料进场质量检查应符合下列规定：

① 应对水泥的强度、安定性及凝结时间进行检验。同一生产厂家、同一等级、同一品种、同一批号且且连续进场的水泥，袋装水泥不超过 200t 为一检验批，散装水泥不超过 500t 应为一批。

② 应对粗骨料的颗粒级配、含泥量、泥块含量、针片状含量指标进行检验，压碎指标可根据工程需要进行检验，应对细骨料颗粒级配、含泥量、泥块含量指标进行检验。当设计文件有要求或结构处于易发生碱骨料反应环境中时，应对骨料进行碱活性检验。抗冻等级 F100 及以上的混凝土用骨料，应进行坚固性检验。骨料不超过 400m³ 或 600t 为一检验批。

③ 应对矿物掺和料细度（比表面积）、需水量比（流动度比）、活性指数（抗压强度比）、烧失量指标进行检验。粉煤灰、矿渣粉、沸石粉不超过 200t 应为一检验批，硅灰不超过 30t 应为一检验批。

④ 应按外加剂产品标准规定对其主要匀质性指标和掺外加剂混凝土性能指标进行检验。同一品种外加剂不超过 50t 应为一检验批。

⑤ 当采用饮用水作为混凝土用水时，可不检验。当采用中水、搅拌站清洗水或施工现场循环水等其他来源水时，应对其成分进行检验。

（4）当使用中对水泥质量受不利环境影响或水泥出厂超过三个月（快硬硅酸盐水泥超过一个月）时，应进行复验，并应按复验结果使用。

（5）混凝土在生产过程中的质量检查应符合下列规定：

① 生产前应检查混凝土所用原材料的品种、规格是否与施工配合比一致。在生产过程中应检查原材料实际称量误

差是否满足要求，每一工作班应至少检查 2 次；

② 生产前应检查生产设备和控制系统是否正常，计量设备是否归零；

③ 混凝土拌和物的工作性检查每 100m³ 不应少于 1 次，且每一工作班不应少于 2 次，必要时可增加检查次数；

④ 骨料含水率的检验每工作班不应少于 1 次；当雨、雪天气等外界影响导致混凝土骨料含水率变化时，应及时检验。

（6）混凝土应进行抗压强度试验。有抗冻、抗渗等耐久性要求的混凝土，还应进行抗冻性、抗渗性等耐久性指标的试验。其试件留置方法和数量，应按现行国家标准《混凝土结构工程施工质量验收规范》（GB 50204）的有关规定执行。

（7）采用预拌混凝土时，供方应提供混凝土配合比通知单、混凝土抗压强度报告、混凝土质量合格证和混凝土运输单；当需要其他资料时，供需双方应在合同中明确约定。

（8）混凝土坍落度、维勃稠度的质量检查应符合下列规定：

① 坍落度和维勃稠度的检验方法，应符合现行国家标准《普通混凝土拌和物性能试验方法》（GB/T 50080）的有关规定；

② 坍落度、维勃稠度的允许偏差应符合表 9-7 的规定；

③ 预拌混凝土的坍落度检查应在交货地点进行；

④ 坍落度大于 220mm 的混凝土，可根据需要测定其坍落扩展度，扩展度的允许偏差为±30mm。

**表 9-7　坍落度、维勃稠度的允许偏差**

| 坍落度（mm） | | | |
|---|---|---|---|
| 设计值 | ≤40 | 50～90 | ≥100 |
| 允许偏差 | ±10 | ±20 | ±30 |
| 维勃稠度（s） | | | |
| 设计值 | ≥11 | 10～6 | ≤5 |
| 允许偏差 | ±3 | ±2 | ±1 |

（9）掺引气剂或引气型外加剂的混凝土拌和物，应按现行国家标准《普通混凝土拌和物性能试验方法标准》（GB/T 50080）的有关规定检验含气量，含气量应符合表 9-8 的规定。

**表 9-8　混凝土含气量限值**

| 粗骨料最大公称粒径（mm） | 混凝土含气量限值（%） |
|---|---|
| 20 | ≤5.5 |
| 25 | ≤5.0 |
| 40 | ≤4.5 |

### 9.3.3　质量验收

1. 一般规定

（1）水泥、外加剂道进场检验，当满足下列条件之一时，其检验批容量可扩大一倍：

① 经产品认证符合要求的产品；

② 同一工程、同一厂家、同一牌号、同一规格的产品，连续三次进场检验均一次检验合格。

（2）检验评定混凝土强度时，应采用 28d 龄期标准养护试件。其成型方法及标准养护条件应符合现行国家标准《普通混凝土力学性能试验方法标准》（GB/T 50081）的规定。

采用蒸汽养护的构件，其试件应先随构件同条件养护，然后应置入标准养护条件下继续养护，两段养护时间的总和为设计规定龄期。

注：对掺矿物掺和料的混凝土进行强度评定时，可根据设计规定，采用大于28d龄期的混凝土强度。

（3）混凝土强度应按现行国家标准《混凝土强度检验评定标准》（GB/T 50107）的规定分批检验评定。

（4）对混凝土的耐久性指标有要求时，应按现行行业标准《混凝土耐久性检验评定标准》（JGJ/T 193）的规定检验评定。

（5）大批量、连续生产的同一配合比混凝土，混凝土生产方应提供基本性能试验报告。

2. 原材料

（1）水泥进场（厂）时应对其品种、级别、包装或散装仓号、出厂日期等进行检查，并应对水泥的强度、安定性和凝结时间进行复验，其结果应符合现行国家标准《通用硅酸盐水泥》（GB 175）等的规定。当对水泥质量有怀疑或水泥出厂超过3个月时，或快硬硅酸盐水泥超过一个月时，应进行复验并按复验结果使用。

检查数量：按同一生产厂家、同一等级、同一品种、同一批号且连续进场（厂）的水泥，袋装不超过200t为一批，散装不超过500t为一批，每批抽样数量不应少于一次。

检验方法：检查质量证明文件和抽样复验报告。

检验报告：出厂检验报告。

（2）混凝土外加剂进场（厂）时应对其品种、性能、出厂日期等进行检查，并对外加剂的相关性能指标进行复验，其结果应符合现行国家标准《混凝土外加剂》（GB 8076）

和《混凝土外加剂应用技术规范》（GB 50119）的规定。

检查数量：按同一生产厂家、同一等级、同一品种、同一批号且连续进场（厂）的混凝土外加剂，不超过 5t 为一批，每批抽样数量不应少于一次。

检验方法：检查质量证明文件和抽样复验报告。

3. 混凝土拌和物

（1）采用预拌混凝土时，其原材料质量、混凝土制备与质量检验等均应符合现行国家标准《预拌混凝土》（GB/T 14902）的规定。预拌混凝土进场时，应检查混凝土质量证明文件，抽检混凝土的稠度。

检查数量：质量证明文件按现行国家标准《预拌混凝土》（GB/T 14902）的规定检查；每 5 罐检查一次稠度。

（2）当设计有要求时，混凝土中最大氯离子含量和最大碱含量应符合现行国家标准《混凝土结构设计规范》（GB 50010）的规定以及设计要求。

检查数量：同一配合比、同种原材料检查不应少于一次。

检验方法：检查原材料试验报告和氯离子、碱的总含量计算书。

（3）结构混凝土的强度等级必须满足设计要求。用于检查结构构件混凝土强度的标准养护试件，应在混凝土的浇筑地点随机抽取。试件取样和留置应符合下列规定：

① 每拌制 100 盘且不超过 100m 的同一配合比混凝土，取样不得少于一次；

② 每工作班拌制的同一配合比的混凝土不足 100 盘时，取样不得少于一次；

③ 每次连续浇筑超过 1000m 时，同一配合比的混凝土

每 200m 取样不得少于一次；

④ 每一楼层、同一配合比混凝土，取样不得少于一次；

⑤ 每次取样应至少留置一组试件。

检验方法：检查施工记录及混凝土标准养护试件试验报告。

9.3.4 安全与环保措施

1. 混凝土施工安全

（1）进入施工现场的作业人员必须正确佩戴安全帽，严禁酒后上岗、施工现场严禁吸烟、严禁随地大小便。

（2）浇筑混凝土使用的模板节间应连接牢固。操作部位应有护身栏杆，不准直接站在溜槽帮上操作。

（3）浇筑拱形结构时，应自两边拱脚对称地同时进行；浇筑料仓时，下出料口应先行封闭，并搭设临时脚手架，以防人员下坠。

（4）夜间浇筑混凝土，应有足够的照明设备。

（5）使用振捣器时，应按混凝土振捣器使用安全要求执行，湿手不得接触开关，电源线不得有破损和漏电。开关箱内应装设防溅的漏电保护器，漏电保护器其额定漏电动作电流应不大于 30mA，额定漏电动作时间应小于 0.1s。

（6）浇筑作业必须设专人指挥，分工明确。

（7）混凝土振捣器使用前必须经过电工检查确认合格后方可使用，开关箱内必须装置漏电保护器，插座插头应完好无损，电源线不得破皮漏电；操作者必须穿绝缘鞋，戴绝缘手套。

（8）任何施工经行前，必须确认安全后方可作业。

（9）泵送混凝土时，宜设 2 名以上人员牵引布料杆。泵送管接口、安全阀、管架等必须安装牢固，输送前应试送，检修时必须卸压。

（10）浇筑拱形结构，应自两边拱脚对称同时进行，浇筑时应设置安全防护设施。

（11）浇灌顶时应站在脚手架或平台上作业，不得直接站在模板或支撑上操作。浇灌人员不得直接在钢筋上踩踏、行走。

（12）向模板内灌注混凝土时，作业人员应协调配合，灌注人员应听从振捣人员的指挥。

（13）浇筑混凝土作业时，模板仓内照明用电必须使用12V低压。

（14）预应力灌浆应严格按照规定压力进行，输浆管道应畅通，阀门接头应严密牢固。

2. 混凝土施工环保措施

（1）商品混凝土的运输过程中，运输车会发出很大的噪声，排放尾气等。这要求运送车辆在车况良好的情况下使用。

（2）车辆必须保修得当，在车辆上料过程中，洒在车身上的各种骨料必须清理干净，以免遗撒在运输道路上。运输车应集中冲洗，且用水适当，不得随意清洗排放，浪费水资源。

（3）混凝土施工中应确保混凝土泵送设备的良好工作状态。泵送时间停顿过长，易造成泵管堵塞，从而造成冲洗泵管和敲打泵管，造成浪费水资源和产生噪声。混凝土振捣时采用无声振捣棒，尽量避免振击模板，以减少噪声。

（4）泵送设备要经常维修，避免漏油及排放废气过多而污染土地及大气。

（5）混凝土养护：对混凝土进行养护时，必须集中使用。保证水的充分利用，对毡布和塑料薄膜要保护好，以备回收利用。草帘和其他东西经多次利用后统一收集废弃。冬季施工时不能用明火养护，蒸汽养护时要封闭，避免热能散失。

## 9.4　现浇结构分项施工

### 9.4.1　施工要点

1. 一般规定

（1）混凝土浇筑前应完成下列工作：

① 隐蔽工程验收和技术复核；

② 对操作人员进行技术交底；

③ 根据施工方案中的技术要求，检查并确认施工现场具备实施条件；

④ 施工单位填报浇筑申请单，并经监理单位签认。

（2）混凝土拌和物入模温度不应低于 5℃，且不应高于 35℃。

（3）混凝土运输、输送、浇筑过程中严禁加水；混凝土运输、输送、浇筑过程中散落的混凝土严禁用于结构构件的浇筑。

（4）混凝土应布料均衡。应对模板及支架进行观察和维护，发生异常情况应及时进行处理。混凝土浇筑和振捣应采取防止模板、钢筋、钢构、预埋件及其定位件移位的措施。

2. 混凝土输送

（1）混凝土输送宜采用泵送方式。

（2）混凝土输送泵的选择及布置应符合下列规定：

① 输送泵的选型应根据工程特点、混凝土输送高度和距离、混凝土工作性确定；

② 输送泵的数量应根据混凝土浇筑量和施工条件确定，必要时应设置备用泵；

③ 输送泵设置的位置应满足施工要求，场地应平整、坚实，道路应畅通；

④ 输送泵的作业范围不得有阻碍物；输送泵设置位置应有防范高空坠物的设施。

（3）混凝土输送泵管与支架的设置应符合下列规定：

① 混凝土输送泵管应根据输送泵的型号、拌和物性能、总输出量、单位输出量、输送距离以及粗骨料粒径等进行选择；

② 混凝土粗骨料最大粒径不大于 25mm 时，可采用内径不小于 125mm 的输送泵管；混凝土粗骨料最大粒径不大于 40mm 时，可采用内径不小于 150mm 的输送泵管；

③ 输送泵管安装接头应严密，输送泵管道转向宜平缓；

④ 输送泵管应采用支架固定，支架应与结构牢固连接，输送泵管转向处支架应加密。支架应通过计算确定，设置位置的结构应进行验算，必要时应应采取加固措施；

⑤ 向上输送混凝土时，地面水平输送泵管的直管和弯管总的折算长度不宜小于竖向输送高度的 20%，且不宜小于 15m；

⑥ 输送泵管倾斜或垂直向下输送混凝土，且高差大于 20m 时，应在倾斜或竖向管下端设置直管或弯管，直管或弯管总的折算长度不宜小于高差的 1.5 倍；

⑦ 输送高度大于 100m 时，混凝土输送泵出料口处的

输送泵管位置应设置截止阀；

⑧ 混凝土输送泵管及其支架应经常进行检查和维护。

（4）混凝土输送布料设备的布置应符合下列规定：

① 布料设备的选择应与输送泵相匹配；布料设备的混凝土输送管内径宜与混凝土输送泵管内径相同；

② 布料设备的数量及位置应根据布料设备工作半径、施工作业面大小以及施工要求确定；

③ 布料设备应安装牢固，且应采取抗倾覆措施；布料设备安装位置处的结构或专用装置应进行验算，必要时应采取加固措施。

④ 应经常对布料设备的弯管壁厚进行检查，磨损较大的弯管应及时更换；

⑤ 布料设备作业范围不得有阻碍物，并应有防范高空坠物的设施。

（5）输送混凝土的管道、容器、溜槽不应吸水、漏浆，并应保证输送通畅。输送混凝土时，应根据工程所处环境条件采取保温、隔热、防雨等措施。

（6）输送泵输送混凝土应符合下列规定：

① 应先进行泵水检查，并应湿润输送泵的料斗、活塞等直接与混凝土接触的部位；泵水检查后，应清除输送泵内积水；

② 输送混凝土前，应先输送水泥砂浆对输送泵和输送管进行润滑，然后开始输送混凝土；

③ 输送混凝土速度应先慢后快、逐步加速，应在系统运转顺利后再按正常速度输送；

④ 输送混凝土过程中，应设置输送泵集料斗网罩，并应保证集料斗有足够的混凝土余量。

（7）吊车配备斗容器输送混凝土应符合下列规定：

① 应根据不同结构类型以及混凝土浇筑方法选择不同的斗容器；

② 斗容器的容量应根据吊车吊运能力确定；

③ 运输至施工现场的混凝土宜直接装入斗容器进行输送；

④ 斗容器宜在浇筑点直接布料。

（8）升降设备配备小车输送混凝土时应符合下列规定：

① 升降设备和小车的配备数量、小车行走路线及卸料点位置应能满足混凝土浇筑需要；

② 运输至施工现场的混凝土宜直接装入小车进行输送，小车宜在靠近升降设备的位置进行装料。

3. 混凝土浇筑

（1）浇筑混凝土前，应清除模板内或垫层上的杂物。表面干燥的地基、垫层、模板上应洒水湿润；现场环境温度高于35℃时，宜对金属模板进行洒水降温；洒水后不得留有积水。

（2）混凝土浇筑应保证混凝土的均匀性和密实性。混凝土宜一次连续浇筑。

（3）混凝土应分层浇筑，分层浇筑应符合混凝土结构工程施工规范（GB 50666）的规定，上层混凝土应在下层混凝土初凝之前浇筑完毕。

（4）混凝土运输、输送入模的过程应保证混凝土连续浇筑，从运输到输送入模的延续时间不宜超过表9-9的规定，且不应超过表9-10的限值规定。掺早强型减水剂、早强剂的混凝土，以及有特殊要求的混凝土，应根据设计及施工要求，通过试验确定允许时间。

表 9-9　运输到输送入模的延续时间　　　　　（min）

| 条件 | 气温 | |
|---|---|---|
| | ≤25℃ | >25℃ |
| 不掺外加剂 | 90 | 60 |
| 掺外加剂 | 150 | 120 |

表 9-10　运输、输送入模及其间歇总的时间限值　（min）

| 条件 | 气温 | |
|---|---|---|
| | ≤25℃ | >25℃ |
| 不掺外加剂 | 180 | 150 |
| 掺外加剂 | 240 | 210 |

（5）混凝土浇筑的布料点宜接近浇筑位置，应采取减少混凝土下料冲击的措施，并应符合下列规定：

① 宜先浇筑竖向结构构件，后浇筑水平结构构件；

② 浇筑区域结构平面有高差时，宜先浇筑低区部分，再浇筑高区部分。

（6）柱、墙模板内的混凝土浇筑不得发生离析，倾落高度应符合表 9-11 的规定；当不能满足要求时，应加设串筒、溜管、溜槽等装置。

表 9-11　柱、墙模板内混凝土浇筑倾落高度限值　　（m）

| 条件 | 浇筑倾落高度限值 |
|---|---|
| 粗骨料粒径>25mm | ≤3 |
| 粗骨料粒径≤25mm | ≤6 |

注：当有可靠措施能保证混凝土不产生离析时，混凝土倾落高度可不受本表限制。

（7）混凝土浇筑后，在混凝土初凝前和终凝前，宜分别对混凝土裸露表面进行抹面处理。

（8）柱、墙混凝土设计强度等级高于梁、板混凝土设计强度等级时，混凝土浇筑应符合下列规定：

① 柱、墙混凝土设计强度比梁、板混凝土设计强度高一个等级时，柱、墙位置梁、板高度范围内的混凝土经设计单位确认，可采用与梁、板混凝土设计强度等级相同的混凝土进行浇筑；

② 柱、墙混凝土设计强度比梁、板混凝土设计强度高两个等级及以上时，应在交界区域采取分隔措施。分隔位置应在低强度等级的构件中，且距高强度等级构件边缘不应小于 500mm；

③ 宜先浇筑高强度等级的混凝土，后浇筑低强度等级的混凝土。

（9）泵送混凝土浇筑应符合下列规定：

① 宜根据结构形状及尺寸、混凝土供应、混凝土浇筑设备、场地内外条件等划分每台输送泵的浇筑区域及浇筑顺序；

② 采用输送管浇筑混凝土时，宜由远而近浇筑；采用多根输送管同时浇筑时，其浇筑速度宜保持一致；

③ 润滑输送管的水泥砂浆用于湿润结构施工缝时，水泥砂浆应与混凝土浆液成分相同；接浆厚度不应大于30mm，多余水泥砂浆应收集后运出；

④ 混凝土泵送浇筑应保持连续进行；当混凝土不能及时供应时，应采取间歇泵送方式；

⑤ 混凝土浇筑后，应清洗输送泵和输送管。

（10）施工缝或后浇带处浇筑混凝土，应符合下列规定：

① 结合面应为粗糙面；并应清除浮浆、松动石子、软

弱混凝土层；

②结合面处应洒湿润，并不得有积水；

③施工缝处已浇筑混凝土的强度不应小于 1.2MPa；

④柱、墙水平施工缝水泥砂浆接浆层厚度不应大于 30mm，接浆层水泥砂浆应与混凝土浆液成分相同；

⑤后浇带混凝土强度等级及性能应符合设计要求；当设计无具体要求时，后浇带强度等级宜比两侧混凝土提高一级，并宜采用减少收缩的技术措施。

（11）超长结构混凝土浇筑应符合下列规定：

①可留设施工缝分仓浇筑，分仓浇筑间隔时间不应少于 7d；

②当留设后浇带时，后浇带封闭时间不得少于 14d；

③超长整体基础中调节沉降的后浇带，混凝土封闭时间应通过监测确定，应在差异沉降稳定后封闭后浇带；

④后浇带的封闭时间尚应经设计单位确认。

（12）型钢混凝土结构浇筑应符合下列规定：

①混凝土粗骨料最大粒径不应大于型钢外侧混凝土保护层厚度的 1/3，且不宜大于 25mm；

②浇筑应有足够的下料空间，并应使混凝土充盈整个构件各部位；

③型钢周边混凝土浇筑宜同步上升，混凝土浇筑高差不应大于 500mm。

（13）钢管混凝土结构浇筑应符合下列规定：

①宜采用自密实混凝土浇筑；

②混凝土应采取减少收缩的技术措施；

③钢管截面较小时，应在钢管壁适当位置留有足够的排气孔，排气孔孔径不应小于 20mm；浇筑混凝土应加强排

气孔观察，并应在确认浆体流出和浇筑密实后再封堵排气孔；

④ 当采用粗骨料粒径不大于 25mm 的高流态混凝土或粗骨料粒径不大于 20mm 的自密实混凝土时，混凝土最大倾落高度不宜大于 9m；倾落高度大于 9m 时，应采用串筒、溜槽、溜管等辅助装置进行浇筑；

⑤ 混凝土从管顶向下浇筑时应符合下列规定：

A. 浇筑应有足够的下料空间，并应使混凝土充盈整个钢管；

B. 输送管端内径或斗容器下料口内径应小于钢管内径，且每边应留有不小于 100mm 的间隙；

C. 应控制浇筑速度和单次下料量，并应分层浇筑至设计标高；

D. 混凝土浇筑完毕后应对管口进行临时封闭。

⑥ 混凝土从管底顶升浇筑时应符合下列规定：

A. 应在钢管底部设置进料输送管，进料输送管应设止流阀门，止流阀门可在顶升浇筑的混凝土达到终凝后拆除；

B. 应合理选择混凝土顶升浇筑设备；应配备上、下方通信联络工具，并应采取可有效控制混凝土顶升或停止的措施；

C. 应控制混凝土顶升速度，并均衡浇筑至设计标高。

(14) 自密实混凝土浇筑应符合下列规定：

① 应根据结构部位、结构形状、结构配筋等确定合适的浇筑方案；

② 自密实混凝土粗骨料最大粒径不宜大于 20mm；

③ 浇筑应能使混凝土充填到钢筋、预埋件、预埋钢构周边及模板内各部位；

④ 自密实混凝土浇筑布料点应结合拌和物特性选择适宜的间距，必要时可通过试验确定混凝土布料点下料间距。

（15）清水混凝土结构浇筑应符合下列规定：

① 应根据结构特点进行构件分区，同一构件分区应采用同批混凝土，并应连续浇筑；

② 同层或同区内混凝土构件所用材料牌号、品种、规格应一致，并应保证结构外观色泽符合要求；

③ 竖向构件浇筑时应严格控制分层浇筑的间歇时间。

（16）基础大体积混凝土结构浇筑应符合下列规定：

① 采用多条输送泵管浇筑时，输送泵管间距不宜大于10m，并宜由远及近浇筑；

② 采用汽车布料杆输送浇筑时，应根据布料杆工作半径确定布料点数量，各布料点浇筑速度应保持均衡；

③ 宜先浇筑深坑部分再浇筑大面积基础部分；

④ 宜采用斜面分层浇筑方法，也可采用全面分层、分块分层浇筑方法，层与层之间混凝土浇筑的间歇时间应能保证混凝土浇筑连续进行；

⑤ 混凝土分层浇筑应采用自然流淌形成斜坡，并应沿高度均匀上升，分层厚度不宜大于500mm；

⑥ 抹面处理应符合《混凝土结构工程施工规范》（GB 50666）的规定，抹面次数宜适当增加；

⑦ 应有排除积水或混凝土泌水的有效技术措施。

（17）预应力结构混凝土浇筑应符合下列规定：

① 应避免成孔管道破损、移位或连接处脱落，并应避免预应力筋、锚具及锚垫板等移位；

② 预应力锚固区等钢筋密集部位应采取保证混凝土浇筑密实的措施。

**208**

③ 先张法预应力混凝土构件，应在张拉后及时浇筑混凝土。

4. 混凝土振捣

（1）混凝土振捣应能使模板内各个部位混凝土密实、均匀，不应漏振、欠振、过振。

（2）混凝土振捣应采用插入式振动棒、平板振动器或附着振动器，必要时可采用人工辅助振捣。

（3）振动棒振捣混凝土应符合下列规定：

① 应按分层浇筑厚度分别进行振捣，振动棒的前端应插入前一层混凝土中，插入深度不应小于50mm；

② 振动棒应垂直于混凝土表面并快插慢拔均匀振捣；当混凝土表面无明显塌陷、有水泥浆出现、不再冒气泡时，可结束该部位振捣；

③ 振动棒与模板的距离不应大于振动棒作用半径的50%；振捣插点间距不应大于振动棒的作用半径的1.4倍。

（4）平板振动器振捣混凝土应符合下列规定：

① 平板振动器振捣应覆盖振捣平面边角；

② 平板振动器移动间距应覆盖已振实部分混凝土边缘；

③ 振动倾斜表面时，应由低处向高处进行振捣。

（5）附着振动器振捣混凝土应符合下列规定：

① 附着振动器应与模板紧密连接，设置间距应通过试验确定；

② 附着振动器应根据混凝土浇筑高度和浇筑速度，依次从下往上振捣；

③ 模板上同时使用多台附着振动器时，应使各振动器的频率一致，并应交错设置在相对面的模板上。

（6）混凝土分层振捣的最大厚度应符合表9-12的规定。

**表 9-12　混凝土分层振捣的最大厚度**

| 振捣方法 | 混凝土分层振捣最大厚度 |
|---|---|
| 振动棒 | 振动棒作用部分长度的 1.25 倍 |
| 平板振动器 | 200mm |
| 附着振动器 | 根据设置方式，通过试验确定 |

（7）特殊部位的混凝土应采取下列加强振捣措施：

① 宽度大于 0.3m 的预留洞底部区域，应在洞口两侧进行振捣，并应适当延长振捣时间；宽度大于 0.8m 的洞口底部，应采取特殊的技术措施；

② 后浇带及施工缝边角处应加密振捣点，并应适当延长振捣时间；

③ 钢筋密集区域或型钢与钢筋结合区域，应选择小型振动棒辅助振捣、加密振捣点，并应适当延长振捣时间；

④ 基础大体积混凝土浇筑流淌形成的坡脚，不得漏振。

5. 混凝土养护

（1）混凝土浇筑后应及时进行保湿养护，保湿养护可采用洒水、覆盖、喷涂养护剂等方式。养护方式应根据现场条件、环境温湿度、构件特点、技术要求、施工操作等因素确定。

（2）混凝土的养护时间应符合下列规定：

① 采用硅酸盐水泥、普通硅酸盐水泥或矿渣硅酸盐水泥配制的混凝土，不应少于 7d；采用其他品种水泥时，养护时间应根据水泥性能确定；

② 采用缓凝型外加剂、大掺量矿物掺和料配制的混凝土，不应少于 14d；

③ 抗渗混凝土、强度等级 C60 及以上的混凝土，不应少于 14d；

④ 后浇带混凝土的养护时间不应少于 14d；

⑤ 地下室底层墙、柱和上部结构首层墙、柱，宜适当增加养护时间；

⑥ 大体积混凝土养护时间应根据施工方案确定。

（3）洒水养护应符合下列规定：

① 洒水养护宜在混凝土裸露表面覆盖麻袋或草帘后进行，也可采用直接洒水、蓄水等养护方式；洒水养护应保证混凝土处于湿润状态；

② 洒水养护用水应符合《混凝土结构工程施工规范》（GB 50666）的规定；

③ 当日最低温度低于 5℃时，不应采用洒水养护。

（4）覆盖养护应符合下列规定：

① 覆盖养护宜在混凝土裸露表面覆盖塑料薄膜、塑料薄膜加麻袋、塑料薄膜加草帘进行；

② 塑料薄膜应紧贴混凝土裸露表面，塑料薄膜内应保持有凝结水；

③ 覆盖物应严密，覆盖物的层数应按施工方案确定。

（5）喷涂养护剂养护应符合下列规定：

① 应在混凝土裸露表面喷涂覆盖致密的养护剂进行养护；

② 养护剂应均匀喷涂在结构构件表面，不得漏喷；养护剂应具有可靠的保湿效果，保湿效果可通过试验检验；

③ 养护剂使用方法应符合产品说明书的有关要求。

（6）基础大体积混凝土裸露表面应采用覆盖养护方式；当混凝土表面以内 40mm～100mm 位置的温度与环境温度的差值小于 25℃时，可结束覆盖养护。覆盖养护结束但尚未到达养护时间要求时，可采用洒水养护方式直至养护结束。

（7）混凝土养护方法应符合下列规定：

① 地下室结构带模养护时间，不应少于 3d；带模养护结束后，可采用洒水养护方式继续养护，也可采用覆盖养护或喷涂养护剂养护方式继续养护；

② 其他部位柱、墙混凝土可采用洒水养护，也可采用覆盖养护或喷涂养护剂养护。

（8）混凝土强度达到 1.2MPa 前，不得在其上踩踏、堆放物料、安装模板及支架。

（9）同条件养护试件的养护条件应与实体结构部位养护条件相同，并应妥善保管。

（10）施工现场应具备混凝土标准试件制作条件，并应设置标准试件养护室或养护箱。标准试件养护应符合国家现行有关标准的规定。

6. 混凝土施工缝与后浇带

（1）施工缝和后浇带的留设位置应在混凝土浇筑前确定。施工缝和后浇带宜留设在结构受剪力较小且便于施工的位置。受力复杂的结构构件或有防水抗渗要求的结构构件，施工缝留设位置应经设计单位确认。

（2）水平施工缝的留设位置应符合下列规定：

① 柱、墙施工缝可留设在基础、楼层结构顶面，柱施工缝与结构上表面的距离宜为 0～100mm，墙施工缝与结构上表面的距离宜为 0～300mm；

② 柱、墙施工缝也可留设在楼层结构底面，施工缝与结构下表面的距离宜为 0～50mm；当板下有梁托时，可留设在梁托下 0～20mm；

③ 高度较大的柱、墙、梁以及厚度较大的基础，可根

据施工需要在其中部留设水平施工缝；当因施工缝留设改变受力状态而需要调整构件配筋时，应经设计单位确认；

④ 特殊结构部位留设水平施工缝应经设计单位确认。

（3）竖向施工缝和后浇带的留设位置应符合下列规定：

① 有主次梁的楼板施工缝应留设在次梁跨度中间的 1/3 范围内；

② 单向板施工缝应留设在与跨度方向平行的任何位置；

③ 楼梯梯段施工缝宜设置在梯段板跨度端部的 1/3 范围内；

④ 墙的施工缝宜设置在门洞口过梁跨中 1/3 范围内，也可留设在纵横墙交接处；

⑤ 后浇带留设位置应符合设计要求；

⑥ 特殊结构部位留设竖向施工缝应经设计单位确认。

（4）设备基础施工缝留设位置应符合下列规定：

① 水平施工缝应低于地脚螺栓底端，与地脚螺栓底端的距离应大于 150mm；当地脚螺栓直径小于 30mm 时，水平施工缝可留设在深度不小于地脚螺栓埋入混凝土部分总长度的 3/4 处。

② 竖向施工缝与地脚螺栓中心线的距离不应小于 250mm，且不应小于螺栓直径的 5 倍。

（5）承受动力作用的设备基础施工缝留设位置，应符合下列规定：

① 标高不同的两个水平施工缝，其高低接合处应留设成台阶形，台阶的高宽比不应大于 1.0；

② 竖向施工缝或台阶形施工缝的断面处应加插钢筋，插筋数量和规格应由设计确定；

③ 施工缝的留设应经设计单位确认。

（6）施工缝、后浇带留设界面，应垂直于结构构件和纵向受力钢筋。结构构件厚度或高度较大时，施工缝或后浇带界面宜采用专用材料封挡。

（7）混凝土浇筑过程中，因特殊原因需临时设置施工缝时，施工缝留设应规整，并宜垂直于构件表面，必要时可采取增加插筋、事后修凿等技术措施。

（8）施工缝和后浇带应采取钢筋防锈或阻锈等保护措施。

7. 大体积混凝土裂缝控制

（1）大体积混凝土宜采用后期强度作为配合比、强度评定及验收的依据。基础混凝土，确定混凝土强度时的龄期可取为 60d（56d）、90d；柱、墙混凝土强度等级不低于 C80 时，确定混凝土强度时的龄期可取为 60d（56d）。确定混凝土强度时采用大于 28d 的龄期时，龄期应经设计单位确认。

（2）大体积混凝土施工配合比设计应符合《普通混凝土配合比设计规程》（JGJ 55）的规定，并应加强混凝土养护。

（3）大体积混凝土施工时，应对混凝土进行温度控制，并应符合下列规定：

① 混凝土入模温度不宜大于 30℃；混凝土浇筑体最大温升值不宜大于 50℃；

② 在覆盖养护或带模养护阶段，混凝土浇筑体表面以内 40～100mm 位置处的温度与混凝土浇筑体表面温度差值不应大于 25℃，结束养护或拆模后，混凝土浇筑体表面以内 40～100mm 位置处的温度与环境温度差值不应大于 25℃。

③ 混凝土浇筑体内部相邻两测温点的温度差值不应大于 25℃。

④ 混凝土降温速率不宜大于 2.0℃/d；当有可靠经验时，降温速率要求可适当放宽。

（4）基础大体积混凝土测温点设置应符合下列规定：

① 宜选择具有代表性的两个交叉竖向剖面进行测温，竖向剖面交叉位置宜通过基础中部区域。

② 每个竖向剖面的周边及以内部位应设置测温点，两个竖向剖面交叉点处应设置测温点；混凝土浇筑体表面测温点应设置在保温覆盖层底部或模板内侧表面，并应与两个剖面上的周边测温点位置及数量对应；环境测温点不应少于2处。

③ 每个剖面的周边测温点应设置在混凝土浇筑体表面以内 40～100mm 位置处；每个剖面的测温点宜竖向、横向对齐；每个剖面竖向设置的测温点不应少于 3 处，间距不应小于 0.4m 且不宜大于 1.0m；每个剖面横向设置的测温点不应少于 4 处，间距不应小于 0.4m 且不应大于 10m。

④ 对基础厚度不大于 1.6m，裂缝控制技术措施完善的工程，可不进行测温。

（5）大体积混凝土测温应符合下列规定：

① 宜根据每个测温点被混凝土初次覆盖时的温度确定各测点部位混凝土的入模温度；

② 浇筑体周边表面以内测温点、浇筑体表面测温点、环境测温点的测温，应与混凝土浇筑、养护过程同步进行；

③ 应按测温频率要求及时提供测温报告，测温报告应包含各测温点的温度数据、温差数据、代表点位的温度变化曲线、温度变化趋势分析等内容；

④ 混凝土浇筑体表面以内 40～100mm 位置的温度与环境温度的差值小于 20℃时，可停止 4 测温。

（6）大体积混凝土测温频率应符合下列规定：

① 第一天至第四天，每 4h 不应少于一次；

② 第五天至第七天，每 8h 不应少于一次；

③ 第七天至测温结束，每 12h 不应少于一次。

## 9.4.2　质量要点

### 1. 外观质量

现浇结构的外观质量不应有严重缺陷。对已经出现的严重缺陷，应由施工单位提出技术处理方案，并经监理（建设）单位认可后进行处理。对经处理的部位，应重新检查验收。

检查数量：全数检查。

检验方法：观察，检查技术处理方案。

### 2. 位置和尺寸偏差

现浇结构不应有影响结构性能和使用功能的尺寸偏差；混凝土设备基础不应有影响结构性能和设备安装的尺寸偏差。

对超过尺寸允许偏差要求且影响结构性能、设备安装、使用功能的结构部位，应由施工单位提出技术处理方案，并经设计单位及监理（建设）单位认可后进行处理。对经处理后的部位，应重新验收。

检查数量：全数检查。

检验方法：量测，检查技术处理方案。

## 9.4.3　质量验收

一般规定如下：

（1）混凝土现浇结构质量验收应符合下列规定：

① 结构质量验收应在拆模后混凝土表面未作修整和装饰前进行；

② 已经隐蔽的不可直接观察和量测的内容，可检查隐蔽工程验收记录；

③ 修整或返工的结构构件部位应有实施前后的文字及其图像记录资料。

（2）混凝土现浇结构外观质量应根据缺陷类型和缺陷程度进行分类，并应符合表 9-13 的分类规定。

表 9-13　现浇结构外观质量缺陷

| 名称 | 现象 | 严重缺陷 | 一般缺陷 |
|---|---|---|---|
| 露筋 | 构件内钢筋未被混凝土包裹而外露 | 纵向受力钢筋有露筋 | 其他钢筋有少量露筋 |
| 蜂窝 | 混凝土表面缺少水泥砂浆而形成石子外露 | 构件主要受力部位有蜂窝 | 其他部位有少量蜂窝 |
| 孔洞 | 混凝土中孔穴深度和长度均超过保护层厚度 | 构件主要受力部位有孔洞 | 其他部位有少量孔洞 |
| 夹渣 | 混凝土中夹有杂物且深度超过保护层厚度 | 构件主要受力部位有夹渣 | 其他部位有少量夹渣 |
| 疏松 | 混凝土中局部不密实 | 构件主要受力部位有疏松 | 其他部位有少量疏松 |
| 裂缝 | 缝隙从混凝土表面延伸至混凝土内部 | 构件主要受力部位有影响结构性能或使用功能的裂缝 | 其他部位有少量不影响结构性能或使用功能的裂缝 |

| 名称 | 现象 | 严重缺陷 | 一般缺陷 |
|------|------|----------|----------|
| 连接部位缺陷 | 构件连接处混凝土有缺陷及连接钢筋、连接件松动 | 连接部位有影响结构传力性能的缺陷 | 连接部位有基本不影响结构传力性能的缺陷 |
| 外形缺陷 | 缺棱掉角、棱角不直、翘曲不平、飞边凸肋等 | 清水混凝土构件有影响使用功能或装饰效果的外形缺陷 | 其他混凝土构件有不影响使用功能的外形缺陷 |
| 外表缺陷 | 构件表面麻面、掉皮、起砂、沾污等 | 具有重要装饰效果的清水混凝土构件有外表缺陷 | 其他混凝土构件有不影响使用功能的外表 |

（3）混凝土现浇结构外观质量、位置偏差、尺寸偏差不应有影响结构性能和使用功能的缺陷，质量验收应作出记录。

（4）装配整体式结构现浇部分的外观质量、位置偏差、尺寸偏差验收应符合本章要求；装配结构与现浇结构之间的结合面应符合设计要求。

9.4.4　安全与环保措施

1. 现浇结构施工安全

（1）使用插入式振动器进入仓内振捣时，应对缆线加强保护，防止磨损漏电。

（2）混凝土浇筑应在模板及其支架支设完成，经验收确认合格，并形成文件后方可进行。

（3）从高处向模板仓内浇筑混凝土时，应使用溜槽或串筒；溜槽和串筒应连接牢固。严禁攀登溜槽或串筒作业。

（4）混凝土振捣设备应完好，电气接线与拆卸必须由电工操作，使用前必须由电工进行检查，确认合格方可使用。

（5）浇筑、振捣作业应设专人指挥，分工明确，并按施工方案规定的顺序、层次进行；作业人员应协调配合，浇筑人员应听从振捣人员的指令。

（6）浇筑倒拱或封闭式吊模构筑物应先从一侧浇筑混凝土，待低处模底混凝土浇满，并从另侧溢出浆液后，方可从另侧浇筑混凝土；浇筑过程中应严防倒拱或吊模上浮、位移。

（7）混凝土振捣设备应设专人操作；操作人员应在施工前进行安全技术培训，考核合格；作业中应保护电缆，严防振动器电缆磨损漏电，使用中出现异常必须立即关机、断电，并由电工处理。

（8）浇筑混凝土过程中，必须设模板工和架子工对模板及其支承系统和脚手架进行监护，随时观察模板及其支承系统和脚手架的位移、变形情况，出现异常，必须及时采取加固措施；当模板及其支承系统和脚手架，出现坍塌征兆时，必须立即组织现场施工人员离开危险区，并及时分析原因，采取安全技术措施进行处理。

（9）使用混凝土泵车浇筑混凝土应符合下列要求：

① 车辆进入现场后，应设专人指挥；

② 泵车行驶道路和停置场地应平整、坚实；

③ 向模板内泵送混凝土时，布料杆下方，严禁有人；

④ 泵送管接口必须安装牢固；泵送混凝土时，宜设 2 名以上人员牵引布料杆；

⑤ 混凝土搅拌运输车卸料时，车轮应挡掩牢固；指挥人员必须站在车辆侧面；

⑥ 泵车卸混凝土时应设专人站在明显的位置指挥，泵车操作者应服从指挥人员的指令。

（10）采用起重机吊装罐体浇筑混凝土应符合下列要求：

① 卸料时吊罐距浇筑面不得大于 1.2m；

② 作业现场应划定作业区，设专人值守，非施工人员禁止入内；

③ 使用自制吊罐吊索具和连接装置应完好，作业前应进行检查、试吊，确认安全；

④ 作业时应由专人指挥，吊罐升降应听从指挥；转向、行走应缓慢，不得急刹车，吊罐下方严禁有人。

（11）混凝土浇筑后应及时养护，并应符合下列要求：

① 养护区的孔洞必须盖牢；水池采用蓄水养护，应采取防溺水措施；

② 作业中，养护与测温人员应选择安全行走路线；夜间照明必须充足；使用便桥、作业平台、斜道等时，必须搭设牢固；

③ 养护用覆盖材料应具有阻燃性，混凝土养护完成后的覆盖材料应及时清理，集中至指定地点存放，废弃物应及时妥善处理；

④ 水养护现场应设养护用配水管线，其敷设不得影响人员、车辆和施工安全；拉移输水胶管应顺直，不得扭结，不得倒退行走；用水应适量，不得造成施工场地积水。

2. 现浇结构施工环保措施

1）噪声污染防治措施

（1）施工现场严格遵照《建筑施工场界环境噪声排放标准》（GB 12523）制定降噪的相应制度和措施。做好宣传工作，倡导科学管理和文明施工。

（2）混凝土拌和站等高噪声作业场地设置应尽量避开居民集中区。

（3）合理安排施工场地，施工场地尽量远离居民区敏感点，施工场界内合理安排施工机械，根据场地的布置情况实测或估算场界噪声，特别是有敏感点一侧的噪声，如果超标可采取加防振垫、包覆和隔声罩等有效措施减轻噪声污染。

（4）在居民生活区内施工，合理安排作业时间，噪声大的作业尽量安排在白天，在村庄、居民区附近施工时注意避开午休、夜间施工，减少扰民。一般情况下把作业时间限定在 7：00～22：00 时，避免夜间作业，或按监理工程师限定的作业时间施工，必须昼夜连续作业的施工现场，采取降噪措施，做好周围群众工作，并报有关环保单位备案。

（5）合理规划施工便道和载重车辆走行时间，尽量远离村庄，减小运输噪声对村民的影响。同时做好施工人员的环保意识教育，降低人为因素造成的噪声污染；施工车辆通过城区、村庄时应减速慢行和减少鸣笛。

（6）施工选择性能优良、噪声小的施工机械，对本工程使用的机械设备进行详细的建筑噪声影响评估，并采取消音、隔声材料、护板等设施降低噪声。对各种车辆和机械进行强制性的定期保养维护，以减少因机械故障产生的附加噪声与振动。

（7）施工活动引起的环境污染，应及时采取有效措施加以控制，并达到规定的限值。

（8）高噪声区作业人员需配备个人降噪设备，注意施工人员的合理作息，增强身体对环境污染的抵抗力。

（9）噪声排放执行《建筑施工场界环境噪声排放标准》（GB 12523）。

2）粉尘污染控制措施

施工过程中产生的粉尘、烟尘及汽车运输中的扬尘、油烟等对施工人员产生影响，因此必须采取措施加强劳动保护。

（1）施工中加强通风设施，确保空气质量达标；同时配备对有害气体的检测和报警装置及施工人员防护用具，减少有害气体对施工人员的危害。

（2）施工区域运输道路、临时便道其面层采用泥结碎石结构或硬化处理，及时清扫、洒水，防止车辆行驶时扬起尘土。

（3）水泥等粉细散装材料，采取室内存放，运至工点后用棚布遮盖，卸运时采取必要措施，减少扬尘。

（4）高尘区作业人员配备个人防尘设施。

3）废气污染控制措施

（1）严禁在施工现场焚烧废弃物和会产生有害有毒气体、烟尘、臭气的物品。施工中若产生有害气体，则采取有效的措施，及时治理，尽量减少有害气体排放对大气的污染。

（2）施工现场使用的锅炉、茶炉、大灶，排烟必须符合环保要求。

（3）施工期间做好既有道路养护工作，不得随意占用道路施工、堆放物料、搭设建筑物。对现场临时道路经常洒水，防止车辆废气污染空气。

4）水污染控制措施

施工期间，采取严密的防范措施，严禁污染物直接或间接的进入河道、水源。各种生产和生活污水必须经无害化处理，做到"两个统一"即污水统一集中，统一排放。教育职工明确生产、生活污水无害化处理工作的重要性，划分明确其职责范围。

## 9.5 装配式结构施工

### 9.5.1 预制构件施工

1. 施工要点

1）一般规定

（1）装配式结构工程应编制专项施工方案。必要时，专业施工单位应根据设计文件进行深化设计。

（2）装配式结构正式施工前，宜选择有代表性的单元或部分进行试制作、试安装。

（3）预制构件的吊运应符合下列规定：

① 根据预制构件形状、尺寸、重量和作业半径等要求选择吊具和起重设备，所采用的吊具和起重设备及其施工操作，应符合国家现行有关标准及产品应用技术手册的有关规定；

② 应采取保证起重设备的主钩位置、吊具及构件重心在竖直方向上重合的措施；吊索与构件水平夹角不宜小于60°，不应小于45°；吊运过程应平稳，不应有大幅度摆动，且不应长时间悬停；

③ 应设专人指挥，操作人员应位于安全位置。

（4）预制构件经检查合格后，应在构件上设置可靠标识。在装配式结构的施工全过程中，应采取防止预制构件损伤或污染的措施。

（5）装配式结构施工中采用专用定型产品时，专用定型产品及施工操作均应符合国家现行有关标准及产品应用技术手册的有关规定。

2）施工验算

（1）装配式混凝土结构施工前，应根据设计要求和施工方案进行必要的施工验算。

（2）预制构件在脱模、吊运、运输、安装等环节的施工验算，应将构件自重标准值乘以脱模吸附系数或动力系数作为等效荷载标准值，并应符合下列规定：

① 脱模吸附系数宜取为1.5，并可根据构件和模具表面状况适当增减；对于复杂情况，脱模吸附系数宜根据试验确定；

② 构件吊运、运输时，动力系数宜取1.5；构件翻转及安装过程中就位、临时固定时，动力系数可取1.2。当有可靠经验时，动力系数可根据实际受力情况和安全要求适当增减。

（3）预制构件的施工验算应符合设计要求。当设计无具体要求时，宜符合下列规定：

① 钢筋混凝土和预应力混凝土构件正截面边缘的混凝土法向压应力，应满足下式的要求：

$$\sigma_{cc} \leqslant 0.8 f'_{ck}$$

式中　$\sigma_{cc}$ ——各施工环节在荷载标准组合作用下产生的构件正截面边缘混凝土法向压应力（MPa），可按毛截面计算；

$f'_{ck}$ ——与各施工环节的混凝土立方体抗压强度相应的抗压强度标准值（MPa），按现行国家标准《混凝土结构设计规范》（GB 50010）以线性内插法确定。

② 钢筋混凝土和预应力混凝土构件正截面边缘的混凝

土法向拉应力，宜满足下式的要求：

$$\sigma_{ct} \leqslant 1.0 f'_{tk}$$

式中　$\sigma_{ct}$——各施工环节在荷载标准组合作用下产生的构件正截面边缘混凝土法向拉应力（MPa），可按毛截面计算；

$f'_{tk}$——与各施工环节的混凝土立方体抗压强度相应的抗拉强度标准值（MPa），按国家标准《混凝土结构设计规范》（GB 50010）以线性内插法确定。

③ 预应力混凝土构件的端部正截面边缘的混凝土法向拉应力可适当放松，但不应大于 $1.2 f'_{tk}$。

④ 施工过程中允许出现裂缝的钢筋混凝土构件，其正截面边缘混凝土法向拉应力限值可适当放松，但开裂截面处受拉钢筋的应力，应满足下式的要求：

$$\sigma_s \leqslant 0.7 f_{yk}$$

式中　$\sigma_s$——各施工环节在荷载标准组合作用下产生的构件受拉钢筋应力，应按开裂截面计算（MPa）；

$f_{yk}$——受拉钢筋强度标准值（MPa）。

⑤ 叠合式受弯构件还应符合现行国家标准《混凝土结构设计规范》（GB 50010）的有关规定。在叠合层施工阶段验算时，作用在叠合板上的施工活荷载标准值可按实际情况计算，且取值不宜小于 $1.5 kN/mm^2$。

（4）预制构件中的预埋吊件及临时支撑，宜按下式进行计算：

$$K_c S_c \leqslant R_c$$

式中　$K_c$——施工安全系数，可按表 9-14 的规定取值；当有可靠经验时，可根据实际情况适当增减；

$S_c$ ——施工阶段荷载标准组合作用下的效应值。施工阶段的荷载标准值按有关规定取值；

$R_c$ ——按材料强度标准值计算或根据试验确定的预埋吊件、临时支撑、连接件的承载力；对复杂或特殊情况，宜通过试验确定。

表 9-14　预埋吊件及临时支撑的施工安全系数 $K_c$

| 项目 | 施工安全系数（$K_c$） |
|------|------|
| 临时支撑 | 2 |
| 临时支撑的连接件<br>预制构件中用于连接临时支撑的预埋件 | 3 |
| 普通预埋吊件 | 4 |
| 多用途的预埋吊件 | 5 |

注：对采用 HPB300 钢筋吊环形式的预埋吊件，应符合现行国家标准《混凝土结构设计规范》（GB 50010）的有关规定。

3）构件制作

（1）制作预制构件的场地应平整、坚实，并应有排水措施。当采用台座生产预制构件时，台座表面应光滑平整，2m 长度内表面平整度不应大于 2mm，在气温变化较大的地区应设置伸缩缝。

（2）模具应具有足够的强度、刚度和整体稳定性，并应能满足预制构件预留孔、插筋、预埋吊件及其他预埋件的定位要求。模具设计应满足预制构件质量、生产工艺、模具组装与拆卸、周转次数等要求。跨度较大的预制构件的模具应根据设计要求预设反拱。

（3）混凝土振捣除可采用《混凝土结构设计规范》（GB 50010）规定的方式外，还可采用振动台等振捣方式。

（4）当采用平卧重叠法制作预制构件时，应在下层构件的混凝土强度达到 5.0MPa 后，再浇筑上层构件混凝土，上、下层构件间应采取隔离措施。

（5）预制构件可根据需要选择洒水、覆盖、喷涂养护剂养护，或采用蒸汽养护、电加热养护。采用蒸汽养护时，应合理控制升温、降温速度和最高温度，构件表面宜保持 90%～100% 的相对湿度。

（6）预制构件的饰面应符合设计要求。带饰面砖或石材饰面的预制构件宜采用反打成型法制作，也可采用后贴工艺法制作。

（7）带保温材料的预制构件宜采用水平浇筑方式成型。采用夹芯保温的预制构件，宜采用专用连接件连接内外两层混凝土，其数量和位置应符合设计要求。

（8）清水混凝土预制构件的制作应符合下列规定：

① 预制构件的边角宜采用倒角或圆弧角；

② 模具应满足清水表面设计精度要求；

③ 应控制原材料质量和混凝土配合比，并应保证每班生产构件的养护温度均匀一致；

④ 构件表面应采取针对清水混凝土的保护和防污染措施。出现的质量缺陷应采用专用材料修补，修补后的混凝土外观质量应满足设计要求。

（9）带门窗、预埋管线预制构件的制作应符合下列规定：

① 门窗框、预埋管线应在浇筑混凝土前预先放置并固定，固定时应采取防止窗破坏及污染窗体表面的保护措施；

② 当采用铝窗框时，应采取避免铝窗框与混凝土直接接触发生电化学腐蚀的措施；

③ 应采取控制温度或受力变形对门窗产生的不利影响

的措施。

（10）采用现浇混凝土或砂浆连接的预制构件结合面，制作时应按设计要求进行处理。当设计无具体要求时，宜进行拉毛或凿毛处理，也可采用露骨料粗糙面。

（11）预制构件脱模起吊时的混凝土强度应根据计算确定，且不宜小于 15MPa。后张有粘结预应力混凝土预制构件应在预应力筋张拉并灌浆后起吊，起吊时同条件养护的水泥砂浆试块抗压强度不宜小于 15MPa。

4）运输与堆放

（1）预制构件运输与堆放时的支承位置应经计算确定。

（2）预制构件的运输应符合下列规定：

① 预制构件的运输线路应根据道路、桥梁的实际条件确定，场内运输宜设置循环线路；

② 运输车辆应满足构件尺寸和载重要求；

③ 装卸构件过程中，应采取保证车体平衡、防止车体倾覆的措施；

④ 应采取防止构件移动或倾倒的绑扎固定措施；

⑤ 运输细长构件时应根据需要设置水平支架；

⑥ 构件边角部或绳索接触处的混凝土，宜采用垫衬加以保护。

（3）预制构件的堆放应符合下列规定：

① 场地应平整、坚实，并应有良好的排水措施；

② 应保证最下层构件垫实，预埋吊件宜向上，标识宜朝向堆垛间的通道；

③ 垫木或垫块在构件下的位置宜与脱模、吊装时的起吊位置一致。重叠堆放构件时，每层构件间的垫木或垫块应在同一垂直线上；

④ 堆垛层数应根据构件与垫木或垫块的承载能力及堆垛的稳定性确定，必要时应设置防止构件倾覆的支架；

⑤ 施工现场堆放的构件，宜按安装顺序分类堆放，堆垛宜布置在吊车工作范围内且不受其他工序施工作业影响的区域；

⑥ 预应力构件的堆放应考虑反拱的影响。

（4）墙板构件应根据施工要求选择堆放和运输方式。外观复杂墙板宜采用插放架或靠放架直立堆放和运输。插放架、靠放架应安全可靠。采用靠放架直立堆放的墙板宜对称靠放、饰面朝外，与竖向的倾斜角度不宜大于10°。

吊运平卧制作的混凝土屋架时，应根据屋架跨度、刚度确定吊索绑扎形式及加固措施。屋架堆放时，可将几榀屋架绑扎成整体。

5）安装与连接

（1）装配式结构安装现场应根据工期要求以及工程量、机械设备等现场条件，组织立体交叉、均衡有效的安装施工流水作业。

（2）预制构件安装前的准备工作应符合下列规定：

① 应核对已施工完成结构的混凝土强度、外观质量、尺寸偏差等符合设计文件要求的有关规定；

② 应核对预制构件混凝土强度及预制构件和配件的型号、规格、数量等符合设计要求；

③ 应在已施工完成结构及预制构件上进行测量放线，并应设置安装定位标志；

④ 应确认吊装设备及吊具处于安全操作状态；

⑤ 应核实现场环境、天气、道路状况满足吊装施工要求。

（3）预制构件安装时，其搁置长度应满足设计要求。预制构件与其支承构件间宜设置厚度不大于 30mm 坐浆或垫片。

（4）预制构件安装过程中应根据水准点和轴线校正位置，安装就位后应及时采取临时固定措施。预制构件与吊具的分离应在校准定位及临时固定措施安装完成后进行。临时固定措施的拆除应在装配式结构能达到后续施工承载要求后进行。

（5）采用临时支撑时，应符合下列规定：

① 每个预制构件的临时支撑不宜少于 2 道；

② 对预制柱、墙板的上部斜撑，其支撑点距离底部的距离不宜小于高度的 2/3，且不应小于高度的 1/2；

③ 构件安装就位后，可通过临时支撑对构件的位置和垂直度进行微调。

（6）装配式结构采用现浇混凝土或砂浆连接构件时，除应符合有关规定外，还应符合下列规定：

① 构件连接处现浇浇筑或砂浆的强度及收缩性能应满足设计要求。如设计无具体要求时，应符合下列规定：

A. 承受内力的连接处应采用混凝土，混凝土强度等级值不应低于连接处构件混凝土强度设计等级值的较大值；

B. 非承受内力的连接处可采用混凝土或砂浆浇筑，其强度等级不应低于 C15 或 M15；

C. 混凝土粗骨料最大粒径不宜大于连接处最小尺寸的 1/4。

② 浇筑前，应清除浮浆、松散骨料和污物，并宜浇水湿润。

③ 连接节点、水平拼缝应连续浇筑；竖向拼缝可逐层

浇筑，每层浇筑高度不宜大于2m。应采取保证混凝土或砂浆浇筑密实的措施。

④ 混凝土或砂浆强度达到设计要求后方可承受全部设计荷载。

（7）装配式结构采用焊接或螺栓连接构件时，应符合设计要求或国家现行有关钢结构施工标准的规定，并应对外露铁件采取防腐和防火措施。采用焊接连接时，应采取避免损伤已施工完成结构、预制构件及配件的措施。

（8）装配式结构采用后张预应力筋连接构件时，预应力工程施工应符合本规范第6章的规定。

（9）装配式结构构件间的钢筋连接可采用焊接、机械连接、搭接及套筒灌浆连接等方式。钢筋锚固及连接长度应满足设计要求。钢筋连接施工应符合国家现行有关标准的规定。

（10）叠合式受弯构件的后浇混凝土层施工前，应按设计要求检查结合面粗糙度和预制构件的外露钢筋，施工过程中，应控制施工荷载不超过设计取值，并应避免单个预制构件承受较大的集中荷载。

（11）当设计对构件连接处有防水要求时，材料性能及防水施工应符合设计要求及国家现行有关标准的规定。

2. 质量要点

预制构件主控项目：

（1）对工厂生产的预制构件，进场时应检查其质量证明文件和表面标识。预制构件的质量、标识应符合本规范及国家现行相关标准、设计的有关要求。

（2）预制构件的外观质量不应有严重缺陷，且不应有影响结构性能和安装、使用功能的尺寸偏差。

231

检查数量：全数检查。

检验方法：观察，尺量检查。

3. 质量验收

装配式结构分项工程的验收包括预制构件进场、预制构件安装以及装配式结构特有的钢筋连接和构件连接等内容。对于装配式结构现场施工中涉及的钢筋绑扎、混凝土浇筑等内容，应分别纳入钢筋、混凝土等分项工程进行验收。

（1）在连接节点及叠合构件浇筑混凝土之前，应进行隐蔽工程验收，其内容应包括：

① 现浇结构的混凝土结合面；

② 后浇混凝土处钢筋的牌号、规格、数量、位置、锚固长度等；

③ 抗剪钢筋、预埋件、预留专业管线的数量、位置。

（2）预应力混凝土简支预制构件应定期进行结构性能检验。对生产数量较少的大型预应力混凝土简支受弯构件可不进行结构性能检验或只进行部分检验内容。

预制构件结构性能检验尚应符合国家现行相关产品标准及设计的有关要求。预制构件的结构性能检验要求和检验方法应分别符合《混凝土结构工程施工质量验规范》（GB 50204）。

（3）装配式结构采用钢件焊接、螺栓等连接方式时，其材料性能及施工质量验收应符合现行国家标准《钢结构工程施工质量及验收规范》（GB 50205）的相关要求。

（4）预制构件结构性能检验基本规定。预制构件应按设计要求的试验参数及检验指标进行结构性能检验。

检验内容：钢筋混凝土构件和允许出现裂缝的预应力混凝土构件进行承载力、挠度和裂缝宽度检验；不允许出现裂缝的预应力混凝土构件进行承载力、挠度和抗裂检验；预应力混凝土构件中的非预应力杆件按钢筋混凝土构件的要求进行检验。

对生产数量较少的大型构件，可仅作挠度、抗裂或裂缝宽度检验。

检验数量：按产品标准的相关规定确定。对无产品标准的成批生产预制构件，应按同一工艺正常生产的不超过1000件且不超过3个月的同类型产品为一批；当连续检验10批且每批的结构性能检验结果均符合本规范规定的要求时，对同一工艺正常生产的构件，可改为不超过2000件且不超过3个月的同类型产品为一批；在每批中应随机抽取一个构件作为试件进行检验。

4. 安全与环保措施

1）预制构件施工安全

（1）预制构件运输。预制构件应采用专用运输架对其进行运输，避免在运输时道路及施工现场场地不平整、颠簸情况下构件发生倾覆的要求。

（2）预制构件现场存放。预制构件批量运输到现场，尚未吊装前，应统一分类存放于专门设置的构件存放区。

存放区位置的选定，应便于起重设备对构件的一次起吊就位，要尽量避免构件在现场的二次转运；存放区的地面应平整、排水通畅，并具有足够的地基承载能力；预制构件应放置于专用存放架上以避免构件倾覆；应严禁工人非工作原因在存放区长时间逗留、休息，在预制外墙板之间的间隙中休息，如遇扰动等原因引起墙板倾覆，易造成人体挤压伤害；严禁将预制构件以的不稳定状态放置于边坡上；严禁采用未加任何侧向支撑的方式放置预制墙板、楼梯等构件。

（3）预制构件吊装设备能力的需核算，吊装时需采用专用吊架。

（4）吊装安全注意事项。起吊较大吨位预制构件时，构件起吊离地后，应保持该状态约10s时间，期间观察起重设备、钢丝绳、吊点与构件的状态是否正常，无异常情况后再继续吊运；六级及以上大风天气应停止吊装作业，即便在日常天气下，其构件吊装过程中也应实时观察风力、风向对吊运中的构件的摆动影响，避免构件碰撞主体结构或其他临时设施。

（5）预制剪力墙、柱在吊装就位、吊钩脱钩前，需设置工具式钢管斜撑等形式的临时支撑以维持构件自身稳定。

（6）临时支撑体系的拆除应严格依照安全专项施工方案实施。

（7）工人在施工预制外墙时，外脚手架设置操作平台及有效安全防护措施。

（8）在高处作业时应配备安全防护，施工时除了加强发放安全带、安全绳、防高坠安全教育培训、监管等措施，还可通过设置安全母索和防坠安全平网的方式对高坠事故进行主动防御。

2）预制构件施工环保措施

参照"9.4 现浇结构分项施工"。

## 9.5.2 安装与连接

1.施工要点

（1）装配式结构安装现场应根据工期要求以及工程量、机械设备等现场条件，组织立体交叉、均衡有效的安装施工流水作业。

（2）预制构件安装前的准备工作应符合下列规定：

① 应核对已施工完成结构的混凝土强度、外观质量、尺寸偏差等符合设计文件要求和的有关规定；

② 应核对预制构件混凝土强度及预制构件和配件的型号、规格、数量等符合设计要求；

③ 应在已施工完成结构及预制构件上进行测量放线，并应设置安装定位标志；

④ 应确认吊装设备及吊具处于安全操作状态；

⑤ 应核实现场环境、天气、道路状况满足吊装施工要求。

（3）预制构件安装时，其搁置长度应满足设计要求。预制构件与其支承构件间宜设置厚度不大于 30mm 坐浆或垫片。

（4）预制构件安装过程中应根据水准点和轴线校正位置，安装就位后应及时采取临时固定措施。预制构件与吊具的分离应在校准定位及临时固定措施安装完成后进行。临时固定措施的拆除应在装配式结构能达到后续施工承载要求后进行。

（5）采用临时支撑时，应符合下列规定：

① 每个预制构件的临时支撑不宜少于 2 道；

② 对预制柱、墙板的上部斜撑，其支撑点距离底部的距离不宜小于高度的 2/3，且不应小于高度的 1/2；

③ 构件安装就位后，可通过临时支撑对构件的位置和垂直度进行微调。

（6）装配式结构采用现浇混凝土或砂浆连接构件时，除应符合有关规定外，还应符合下列规定：

① 构件连接处现浇浇筑或砂浆的强度及收缩性能应满足设计要求。如设计无具体要求时，应符合下列规定：

A. 承受内力的连接处应采用混凝土，混凝土强度等级值不应低于连接处构件混凝土强度设计等级值的较大值；

B. 非承受内力的连接处可采用混凝土或砂浆浇筑，其强度等级不应低于 C15 或 M15；

C. 混凝土粗骨料最大粒径不宜大于连接处最小尺寸的 1/4。

② 浇筑前，应清除浮浆、松散骨料和污物，并宜浇水湿润。

③ 连接节点、水平拼缝应连续浇筑；竖向拼缝可逐层浇筑，每层浇筑高度不宜大于 2m。应采取保证混凝土或砂浆浇筑密实的措施。

④ 混凝土或砂浆强度达到设计要求后方可承受全部设计荷载。

（7）装配式结构采用焊接或螺栓连接构件时，应符合设计要求或国家现行有关钢结构施工标准的规定，并应对外露铁件采取防腐和防火措施。采用焊接连接时，应采取避免损伤已施工完成结构、预制构件及配件的措施。

（8）装配式结构采用后张预应力筋连接构件时，预应力工程施工应符合国家现行有关标准的规定。

（9）装配式结构构件间的钢筋连接可采用焊接、机械连接、搭接及套筒灌浆连接等方式。钢筋锚固及连接长度应满足设计要求。钢筋连接施工应符合国家现行有关标准的规定。

（10）叠合式受弯构件的后浇混凝土层施工前，应按设计要求检查结合面粗糙度和预制构件的外露钢筋，施工过程中，应控制施工荷载不超过设计取值，并应避免单个预制构件承受较大的集中荷载。

（11）当设计对构件连接处有防水要求时，材料性能及防水施工应符合设计要求及国家现行有关标准的规定。

2. 质量要点

安装与连接

（1）预制构件与结构之间的连接应符合设计要求。

检查数量：全数检查。

检验方法：观察，检查施工记录。

（2）承受内力的接头和拼缝，当其混凝土强度未达到设计要求时，不得吊装上一层结构构件。已安装完毕的装配式结构，应在混凝土强度达到设计要求后，方可承受全部设计荷载。

（3）装配式结构安装完毕后，尺寸偏差应符合表 9-15 要求。

检查数量：按楼层、结构缝或施工段划分检验批。在同一检验批内，对梁、柱，应抽查构件数量的 10%，且不少于 3 件；对墙和板，应按有代表性的自然间抽查 10%，且不少于 3 间；对大空间结构，墙可按相邻轴线间高度 5m 左右划分检查面，板可按纵、横轴线划分检查面，抽查 10%，且均不少于 3 面。

表 9-15　预制结构构件安装尺寸的允许偏差及检验方法

| 项目 | | 允许偏差（mm） | 检验方法 |
|---|---|---|---|
| 构件中心线对轴线位置 | 基础 | 15 | 尺量检查 |
| | 竖向构件（柱、墙板、桁架） | 10 | |
| | 水平构件（梁、板） | 5 | |
| 构件标高 | 梁、板底面或顶面 | ±5 | 水准仪或尺量检查 |

237

| 项目 | | | 允许偏差（mm） | 检验方法 |
|---|---|---|---|---|
| 构件垂直度 | 柱、墙板 | ＜5m | 5 | 经纬仪量测 |
| | | ≥5m且＜10m | 10 | |
| | | ≥10m | 20 | |
| 构件倾斜度 | 梁、桁架 | | 5 | 垂线、钢尺量测 |
| 相邻构件平整度 | 板端面 | | 5 | 钢尺、塞尺量测 |
| | 梁、板下表面 | 抹灰 | 5 | |
| | | 不抹灰 | 3 | |
| | 柱、墙板侧表面 | 外露 | 5 | |
| | | 不外露 | 10 | |
| 构件搁置长度 | 梁、板 | | ±10 | 尺量检查 |
| 支座、支垫中心位置 | 板、梁、柱、墙板、桁架 | | ±10 | 尺量检查 |
| 接缝宽度 | 板 | ＜12m | ±10 | 尺量检查 |

3. 质量验收

装配式结构分项工程的验收包括预制构件进场、预制构件安装以及装配式结构特有的钢筋连接和构件连接等内容。对于装配式结构现场施工中涉及的钢筋绑扎、混凝土浇筑等内容，应分别纳入钢筋、混凝土等分项工程进行验收。

在连接节点及叠合构件浇筑混凝土之前，应进行隐蔽工程验收，其内容应包括：

① 现浇结构的混凝土结合面；

② 后浇混凝土处钢筋的牌号、规格、数量、位置、锚固长度等；

③ 抗剪钢筋、预埋件、预留专业管线的数量、位置。

4. 安全与环保措施

1) 安装与连接施工安全

(1) 装配式构件（梁、板）的安装，应制定安装方案，并建立统一的指挥系统。施工难度、危险性较大的作业项目应组织施工技术、指挥、作业人员进行培训。所有起重设备都应符合国家关于特种设备的安全规程，并进行严格管理。在实际作业中，要严格执行下列规定：

① 吊装前，应检查安全技术措施及安全防护设施等准备工作是否齐备，检查机具设备、构件的重量、长度及吊点位置等是否符合设计要求，严禁无准备盲目施工；

② 施工所需的脚手架、作业平台、防护栏杆、上下梯道、安全网必须齐备。深水施工，应备救护用船；

③ 旧钢丝绳，在使用前，应检查其破损程度。每一节距内折断的钢丝，不得超过 5%。对大型构件、重构件的吊装宜使用新的钢丝绳，使用前也要检验；

④ 重大的吊装作业，应先进行试吊。按设计吊重分阶段进行观测，确定无误后，方可进行正式吊装作业。施工时，工地主要领导及专兼职安全员应在现场亲自指挥和监督；

⑤ 遇有大风及雷雨等恶劣天气时，应停止作业。

(2) 根据吊装构件的大小、重量，选择适宜的吊装方法和机具，不准超负荷；

(3) 吊钩的中心线，必须通过吊体的重心，严禁倾斜吊卸构件。吊装偏心构件时，应使用可调整偏心的吊具进行吊装。安装的构件必须平起稳落，就位准确，与支座密贴；

(4) 起吊大型及有突出边棱的构件时，应在钢丝绳与构件接触的拐角处设垫衬。起吊时，离开作业地面 0.1m 后，暂停起吊，经检查确认安全可靠后，方可继续起吊；

（5）单导梁、墩顶龙门架安装构件时，应按照下列规定执行：

① 到两组装时，各节点应联结牢固，在桥跨中推进时，悬臂部分不得超过已拼好导梁全长的 1/3；

② 墩顶或临时墩顶导梁通过的导轮支座必须牢固可靠。导梁接近导轮时，应采取渐进的方法进入导轮。导梁推进到位后，用千斤顶顶升，将导梁置于稳定的木垛上；

③ 导梁上的轨道必须平行等距铺设，使用不同规格的钢轨时，其接头处应妥善处理，不得有错台；

④ 墩顶龙门架使用托架托运时，托架两端应保持平衡稳定，行进速度应缓慢。龙门架落位后应立即与墩顶预埋件联结，并系好缆风绳；

⑤ 构件在预制场地起重装车后，牵引至导梁时，行进速度不得大于 5m/min，到达安装位置后，平车行走轮应用木楔楔紧；

⑥ 构件起吊横移就位后，应加设支撑、垫木，以保持构件稳定；

⑦ 龙门架顶横移轨道的两端应设置制动枕木。

（6）预制场采用千斤顶顶升构件装车及双导梁、桁梁安装构件时，应遵守下列规定：

① 千斤顶使用前，要做承载试验。起重吨位不得小于顶升构件的 1.2 倍。千斤顶一次顶升高度应为活塞行程的 1/3。

② 千斤顶的升降应随时加设或抽出保险垫木，构件底面与保险垫木间的距离应控制在 5cm 之内；

③ 构件进入落梁或其他装载工具横移到位时，应保持构件在落梁时的平衡稳定；

④ 顶升 T 梁、箱梁等大吨位构件时，必须在梁两端加设支撑。构件两端不得同时顶起或下落，一端顶升时，另一端应支稳、稳牢；

⑤ 预制场和墩顶装载构件的滑移设备要有足够的强度和稳定性，牵引（或顶推）构件滑移时，施力要均匀；

⑥ 双导梁向前推进中，应保持两导梁同速进行。各岗位作业要精心工作，听从指挥，发现问题及时处理；

⑦ 双导梁进入墩顶导轮支座前、后，应采取与单导梁相同的措施。

（7）架桥机安装构件时，应符合下列规定：

① 架桥机组拼、悬臂牵引中的平衡稳定及机具配备等，均应按设计要求进行；

② 架桥机就位后，为保持前后支点的稳定，应用方木支垫。前后支点处，还应用缆风绳封固于墩顶两侧；

③ 构件在架桥上纵、横向移动时，应平缓进行，卷扬机操作人员应按指挥信号协同动作；

④ 全幅宽架桥机吊装的边梁就位前，墩顶作业人员应暂时避开；

⑤ 横移不能一次到位的构件，操作人员应将滑道板、落梁架等准备好，待构件落入后，再进入作业点进行构件顶推（或牵引）横移等项工作。

（8）跨墩龙门架安装构件时，应根据龙门架的高度、跨度，采取相应的安全措施，确保构件起吊和横移时的稳定。构件吊至墩顶，应慢速、平稳地缓落。

（9）吊车吊装简支梁、板等构件时，应符合起重吊装的有关安全规定。

（10）安装大型盆式橡胶支座，墩上两侧应搭设操作平台，墩顶作业人员应待支座吊至墩顶稳定后再扶正就位。

（11）龙门架、架桥机等设备拆除前应切断电源。拆除龙门架时，应将龙门架底部垫实，并在龙门架顶部拉好缆风绳和安装临时连接梁。拆下的杆件、螺栓、材料等应捆好向下吊放。

（12）安装涵洞预制盖板时，应用撬棍等工具拔移就位。单面配筋的盖板上应标明起吊标志。吊装涵管应绑扎牢固。

（13）各种大型吊装作业，在连续紧张作业一阶段后（如一孔梁、板或一较大工序等）应适当进行人员休整，避免长时间处于高度紧张状态，并检查、保养、维修吊装设备等。

2）安装与连接施工环保措施

参照"9.4 现浇结构分项施工"。

# 第三部分

# 附属设施工程

# 10 消防系统

## 10.1 施工要点

（1）管网施工应严格按设计图纸要求施工。当施工场地环境发生重大变化而影响管网位置时，应及时报告，并提出变更方案，征得同意后，可按修改或变更方案施工。

（2）管网沟槽开挖后，在沟底按规定要求铺设垫层，应及时铺管。开挖中如遇其他管道、线缆等应按要求予以保护。

（3）管道铺设应安装牢固。在大于12%的斜坡上铺设管道时，应设置台阶。

（4）在吊运管道及下沟时，不得与沟壁或沟底相碰撞，并不得损坏管道的防腐层及保护层。

（5）管道接口不得放在砌体中，且距离砌体不应少于0.6m。

（6）管网安装完成后，应进行压力试验和漏水试验，试验压力标准及允许渗水量按有关规定进行。

（7）消防给水干管应用水压检查其强度和严密性，地下管道必须在安全检查合格、管身两侧及其顶部回填不小于0.5m以后，进行压力试验。

（8）钢管及钢制管件除另有规定，应符合相关规范的要求。

（9）焊缝部位应在试压合格后进行防腐处理。

## 10.2 质量要点

1. 管网安装完成后应进行检查，内容与要求应符合下列规定及相关规范的要求，并应按规范填写系统检查记录表。

1）压力表、管道过滤器、金属软管、管道及附件不应有损伤；

2）管网安装完毕后宜用清水进行强度和严密性试验，并填写试验记录。

① 试验可分段进行；

② 管网试验压力应达到管道静压力的 1.5 倍；

3）管道冲洗应符合下列规定：

① 管道试压合格后宜用清水进行冲洗；

② 冲洗前应将试压时安装的隔离或封堵设施拆下，打开或关闭有关阀门，分段进行。

2. 管道及支、吊架的加工制作、焊接、安装和管道系统的试压、冲洗、防腐、阀门的安装等，除应符合《城市综合管廊工程技术规范》（GB 50838）的规定外，还应符合现行国家标准《工业金属管道工程施工规范》《现场设备、工业管道焊接工程施工规范》（GB 50236）中的有关规定。

3. 阀门的检验应按现行国家标准《工业金属管道工程施工规范》（GB 50235）中的有关规定执行，并应按规定填写阀门的强度和严密性试验记录表。

## 10.3 质量验收

（1）自动喷水灭火系统应符合《自动喷水灭火系统施工及验收规范》（GB 50261）的规定。

验收方法：

① 对照设计图纸核对报警阀组和水流指示器的安装设置情况；

② 查验铭牌和阀门的设置是否符合设计图纸和产品型式检验检测报告的要求；

③ 依照设计图纸、施工单位出具的消防设施检测报告审查报警阀组和水流指示器的功能；

④ 抽查喷头和末端泄水装置的安装情况和选型，审查地铁消防工程的施工（或检测）单位调试检测所出具的检测报告；

⑤ 审查竣工图纸核对喷头和末端泄水装置数量是否符合设计要求。

（2）其他灭火系统。

① 应按照现行国家标准《建筑灭火器配置设计规范》（GB 50140）的规定配置灭火器。

② 气体灭火系统应按照现行国家标准《气体灭火系统施工及验收规范》（GB 50263）的规定执行。

验收方法：查验铭牌是否符合设计图纸和产品型式检验检测报告的要求。

（3）消防电源的设置应符合《建筑设计防火规范》（GB 50016）的规定。

验收方法：

① 根据原设计的负荷等级查验建设单位提供的消防电源竣工资料或供电方案；

② 模拟交流电源断电，检验消防备用电源的切换投入程序，并按设计程序实测自动投入或人为投入的时间；

③ 核算消防设施的最大负载，核实主备电源容量是否满足负荷要求。

（4）现场抽查电气线路的敷设是否符合设计及规范要求。

# 10.4 安全与环保措施

1. 一般措施

（1）定期组织施工人员学习规程和工地现场的安全规章制度，每周由工长组织一次。

（2）建立安全定期检查制度，对检查出的问题和隐患要认真分析、解决，每月由工长组织一次检查。

（3）建立奖罚制度，对安全生产搞得好的单位要及时奖励，对差的要罚款并限期改正，未改或整改不彻底的要停工整改。

（4）执行每月安全分析制度，对当月存在的问题逐条分析原因，落实奖罚，限期改正。

2. 临时用电措施

（1）漏电保护器须实行两级漏电保护，严格执行"一机、一闸、一漏、一箱"；漏电保护装置应灵敏、有效，参数应匹配。

（2）临时配电线路架设必须使用五芯线电缆，电缆完好，无老化、破皮现象。

（3）各种电气设备金属的外壳必须按规定采取可靠的接零或接地保护。

（4）雨期施工安全措施：现场的各种机具、机电设备底座均应垫高，不得直接放置在地面上，避免下雨时受淹，漏电接地保护装置必须灵敏有效，并要做好防雨设施，确保安全的情况下，再进行施工。

3. 消防、安全措施

（1）建立严密的消防安全组织管理体系，形成网络，由专职消防安全员监督、执法；各专业根据安装时作业的特点，随时书面提出消防安全的措施与要求；现场消防设备应配备齐全，并保证有效、可靠，任何人在任何时候不得以任何理由擅自将消防器材移作他用；成立义务消防队，群防群治，常备不懈，应急出动，减少损失；严格执行现场用火制度，电气焊工严格按安全消防操作规程施工，五级以上大风天气，不得进行室外明火作业。施工现场严禁吸烟，严禁擅自点火取暖。

（2）电气焊、明火作业前必须办理用火手续，开用火证，备灭火器，有专人看火，清理周围易燃物，各项措施落实后再动工。

（3）乙炔瓶与氧气瓶必须分开保管，使用时两瓶间距不得小于 5m，两瓶与用火点使用间距不得小于 10m。

（4）氧气瓶、乙炔瓶不得接近热源，夏季不宜在日光下曝晒，搬运时禁止滚动撞击，氧气瓶不得接近油脂。

# 11 通风系统

## 11.1 施工要点

1. 设备施工安装

（1）在本工程中安装的产品应满足图纸设计参数，并应具有产品牌号注册商标，产品合格证书、产品鉴定证书、安装运行说明书或手册等。

（2）设备招标完成后，厂家应提供安装大样图和使用说明书，施工方应严格按照厂家的安装大样图和使用说明书要求进行安装。

（3）吊装的设备及管道应在预埋钢板上焊接吊杆。采用膨胀螺栓固定时，每根吊杆顶端设型钢，并用两个膨胀螺栓固定型钢。

（4）防火阀等消防产品必须选用经当地公安消防部门批准使用的产品。

2. 风管施工安装

（1）所有风管的加固应满足《通风与空调工程施工质量验收规范》（GB 50243）的第 4.2.10、第 4.2.11 等相关条文的规定。

（2）风管制作尺寸的允许偏差：风管的外径或外边长的允许偏差为负偏差，630mm 者偏差值为 −1mm；＞630mm 则为 −2mm。

（3）混凝土风道的通风表面要求在满足通风面积的情况下尽量抹平，保证绝对粗糙度＜3mm。设备施工单位应对风道进行检验，如不能满足设计要求，则要对局部进行打磨。

（4）设备及风管在吊装前，其支吊杆及支吊杆架采用膨胀螺栓固定在构筑物上，施工中采用的膨胀螺栓应根据其能承受的负荷认真选用。风管吊杆，当风管大边长＜1250mm时，采用 $\phi$12mm 圆钢；当风管大边长≥1250mm 时，采用 $\phi$14mm 圆钢；当风管大边长≥3000mm 时，采用 $\phi$18mm 圆钢。风管吊架间距按不同大边长规格选 2000～3000mm，但不得超过 3000mm。

（5）风管吊架构造形式由安装单位在确保安全可靠的原则下，根据现场情况，参考国家标准 03K132 选定。

（6）风管与风管法兰间的垫片不应含有石棉及其他有害成分，且应耐油耐潮耐酸碱腐蚀，普通风管法兰垫片的工作温度不低于 70℃。

（7）风管安装时应注意风管和配件的可拆卸接口不得装在墙和楼板内，风管的纵向闭合缝必须交错布置，且不得在风管底部，风管安装的水平度允许偏差每米不应大于 3mm，总偏差不应大于 20mm。

（8）防火阀应按图示位置放置，离墙距离不得大于200mm 并设有独立的支吊架，以防止在火灾发生时因风管变形而影响阀门性能。安装防火阀时，应严格按防火有关规程及厂家的产品安装指南进行安装，其气流方向必须与阀体上标志箭头方向一致，执行器应有检修空间，不得被其他管线及墙体阻挡。在安装防火阀等其他阀体之前，应确保阀体喷涂防锈漆和耐热漆各两遍，涂漆均匀，结合牢固，无漏漆

250

和剥落现象。

（9）所有穿越墙及楼板的管道敷设安装后，其孔洞周围采用与墙体耐火等级相同的不燃材料密封。

（10）风管的防腐：普通薄钢板在制作咬接风管前，应预涂防锈漆一遍。镀锌钢板对制作中镀锌层破坏处应涂环氧富锌漆两道。普通薄钢板风管内外表面各涂防锈漆两遍，外表面再涂面漆两道。

## 11.2 质量要点

（1）管廊内换气次数≥2次/小时；

（2）低压配电房换气次数≥6次/小时；

（3）管廊内空气质量标准：空气含氧量≥19%；

（4）风速标准：

① 钢制风管：主风管风速≤8m/s；

② 分支风管风速≤5m/s；

③ 送、排风井混凝土风道风速≤6m/s；

④ 风亭百叶迎面风速为2～4m/s（百叶有效面积70%）；

⑤ 管廊内风速≤3m/s；

（5）设计安全系数：

① 通风设备风量：$k=1.05$；

② 通风设备风压：$k=1.1$；

（6）噪声标准：

① 管廊内≤80dB（A）；

② 室外：通应符合《声环境质量标准》（GB 3096）中4a类标准。

（7）灾后通风设计标准：

① 按整条管廊同一时间内发生一次火灾考虑。

② 灾后排风风机要求能在 280℃ 下连续有效工作半小时。

③ 通风系统上设置下列两种防火类阀门：电动复位防烟防火阀 SFD1（70℃）、电动复位防烟防火阀 SFD2（280℃）。

电动复位防烟防火阀 SFD1（70℃）功能：温度达到 70℃ 时熔断关闭、手动关闭、24V 电信号关闭、电动复位、手动复位、输出开和关信号。设置位置：管廊进风口。

电动复位防烟防火阀 SFD2（280℃）功能：温度达到 280℃ 时熔断关闭、手动关闭、24V 电信号关闭、电动复位、手动复位、输出开和关信号。设置位置：管廊排风口。

## 11.3  质量验收

（1）所有与设备连接的软接头，包括风机软接头等，均应就近采用固定支吊托架紧固，防止产生移位。

（2）所有设备、管道施工安装要求，本说明未叙及部分按照《通风与空调工程施工质量验收规范》（GB 50243）以及《机械设备安装工程施工及验收通用规范》（GB 50231）等国家相关规范的有关章节执行。

（3）所有设备和管线支吊架均做热镀锌处理后安装，固定用螺栓、螺钉等辅助材料均采用热镀锌。

（4）设备、阀门编号应做统一标识。

（5）所有工序以及各阶段验收和竣工验收均应遵照相关规范和标准进行。

## 11.4 安全与环保措施

（1）通风设备选用低噪声高效率产品，满足节能以及声环境质量标准要求。

（2）通风设备通过温感控制其开启或关闭，实现低能耗运行。

# 12 供电系统

## 12.1 施工要点

1. 高压开关柜安装

（1）柜体就位应在混凝土凝固后进行安装，并土建已交付安装。对于瓷砖地面进柜安装时应在地面铺设保护措施。

（2）先按图纸规定的顺序将盘做好标记，然后用人工将其搬运到安装位置，利用撬棍撬到大致位置，然后再精确地调整第一个盘，再以其为标准逐个地调整其他的盘。

（3）当柜体就位找正后，才能固定柜体，固定方式采用焊接。焊接位置在柜体内侧，每处焊缝为 20～40mm，每个柜体的焊缝不应少于 4 处，一般选在柜的四角，应牢固可靠。所有焊接处去除药皮并补漆。

（4）检查小车柜的外观，要求清洁、无机械损伤和裂纹。

（5）小车柜应与成套柜相应配套，小车移动灵活、进出平稳。

2. 箱变变压器安装

（1）箱式变压器就位移动时不宜过快，应缓慢移动，不得发生碰撞及不应有严重的冲击和震荡。

（2）箱式变压器就位后，外壳干净不应有裂纹、破损等现象，各部件应齐全完好，箱式变压器所有的门可正常开启。

（3）箱式变压器调校平稳后，与基础槽钢焊接牢固并做好防腐措施；或用地脚螺栓固定的应螺帽齐全，拧紧牢固。

## 12.2　质量要点

1. 高压开关柜安装

（1）相邻盘的顶部水平误差要小于等于 2mm、成列盘顶部最大水平误差不大于 5mm；相邻两柜面的不平度不大于 1mm，整列柜的各柜面不平度最多不大于 5mm。

（2）盘体间间隙小于 1.5mm，盘与盘之间应用 M8×25 的镀锌螺栓拉紧。

（3）高压开关柜的母线安装时应注意以下几点：

① 检查母线表面应当光滑、平整，无变形、扭曲现象；

② 母线的接触面螺栓接紧密，连接螺栓应用力矩扳手紧固，其紧固值应符合标准；

③ 母线在支柱绝缘柱子上固定时，固定应平整牢固，绝缘子不受母线的额外应力；

④ 母线伸缩节不得有裂纹、断股和折皱现象。

（4）要求断路器在分合闸过程中灵活轻便，无卡阻现象，动触头的行程和周期性均应满足厂家要求。

2. 箱式变压器安装

（1）按图纸要求做好箱式变压器基础，特别注意基础表面一定要平整，在基础面上埋有与箱变底框尺寸相适应的扁钢，扁钢要超平，并与基础接地网相连接。

（2）接地体焊接完毕冷却后，水平、垂直接地体钢材采用热浸镀锌防腐，焊接部位刷防腐油漆。

（3）箱式变压器底座与基础之间的缝隙用水泥砂浆抹封，以免雨水进入电缆室。电缆室内，电缆与穿管之间的缝隙须用胶泥密封。

## 12.3　质量验收

（1）综合管廊接地应符合下列规定：

① 综合管廊内的接地系统应形成环形接地网，接地电阻不应大于 $1\Omega$。

② 综合管廊的接地网宜采用热镀锌扁钢，且截面面积不应小于 $40mm\times5mm$。接地网应采用焊接搭接，不得采用螺栓搭接。

③ 综合管廊内的金属构件、电缆金属套、金属管道以及电气设备金属外壳均应与接地网连通。

④ 含天然气管道舱室的接地系统尚应符合现行国家标准《爆炸危险环境电力装置设计规范》（GB 50058）的有关规定。

（2）非消防设备的供电电缆、控制电缆应采用阻燃电缆，火灾时需继续工作的消防设备应采用耐火电缆或不燃电缆。天然气管道舱内的电气线路不应有中间接头，线路敷设应符合现行国家标准《爆炸危险环境电力装置设计规范》（GB 50058）的有关规定。

（3）综合管廊内电气设备应符合下列规定：

① 电气设备防护等级应适应地下环境的使用要求，应采取防水防潮措施，防护等级不应低于 IP54。

② 电气设备应安装在便于维护和操作的地方，不应安装在低洼、可能受积水浸入的地方。

③ 电源总配电箱宜安装在管廊进出口处；

（4）综合管廊附属设备配电系统应符合下列规定：

① 综合管廊内的低压配电应采用交流 220V/380V 系统，系统接地型式应为 TN－S 制，并宜使三相负荷平衡；

② 综合管廊应以防火分区作为配电单元，各配电单元电源进线截面应满足该配电单元内设备同时投入使用时的用电需要；

③ 设备受电端的电压偏差：动力设备不宜超过供电标称电压的±5%，照明设备不宜超过＋5%、－10；

④ 应采取无功功率补偿措施；

⑤ 应在各供电单元总进度线处设置电能计量测量装置。

## 12.4  安全与环保措施

（1）现场全部采用 36V 安全电压。危险、潮湿场所和金属窗口内的照明及手持照明灯具，应采用符合要求的安全电压。

（2）照明电线采用绝缘子固定，不使用花线或塑料胶质线，导线不随地拖拉。

（3）电箱内设置漏电保护器，选用合理的额定漏电动作电流进行分极配合。

（4）配电箱的开关电器与配电箱或开关箱一一对应配合，作分路设置，以确保熔丝和用电设备的实际负荷相匹配。

（5）对各种施工设备，施工机械定进行维修和保养工作，杜绝设备带病运转，电器设备的安装检修，必须有专职电工进行，严禁施工人员随意拆除装修。

# 13 照明系统

## 13.1 施工要点

（1）电气照明装置的接线必须牢固，接触良好，绝缘处理合理。需接地或接零的灯具、形状、插座与非带电金属部分，应有带明显标志的专用接地螺钉。

（2）建筑电气照明装置的安装应达到正规、合理、牢固及齐全，确保使用功能。

（3）照明开关安装，应符合以下要求：灯的开关位置应便于操作，安装的位置必须符合设计要求和规范的规定。安装在同一室内的开关，宜采用同一系列的产品，开关的通断位置应一致，且操作灵活、接触可靠。开关安的位置要求是：开关边缘距门柜距离宜为 150～200mm，距地面高度宜为 1400mm。

（4）穿入灯具的导线在分支连接处不得承受额外压力和磨损，多股软线的端头应挂锡，盘圈，并按顺时针方向弯钩，用灯具端了螺丝拧固在灯具的接线端子上。螺口灯头接线时，相线应接在中心角点的端子上，零线应接在螺纹的端子上。荧光灯的接线应正确，电容器应并联在镇流器前侧的电路配线中，不应串联在电路内。

（5）重型灯具安装必须应用预埋件或螺栓固定。固定大型花灯吊钩的圆钢直径，不应小于灯具的吊挂锁、钩的直径，且不应小于 6mm。对大型、重型花饰灯具、吊装花灯的固定及悬吊装置，应按灯具重量的 1.25 倍做过载试验。

## 13.2　质量要点

（1）电气照明装置安装安装到位，做到横平竖直，品种、规格、整齐统一，以达到型色协调美观、装饰性强等。施工中的安全技术措施，应符合国家现行技术标准和规范的规定。

（2）开关接线，应符合以下要求：相线应经开关控制。接线时应仔细辨认，识别导线的相线与零线，严格做到一控制（即分断或接通）电源相线，应使开关断开后灯具上不带电。

（3）双联及以上的暗扳把开关，每一联即为一只单独的开关，能分别控制一盏电灯。接线时，应将相线连接好，分别接到开关上一动触点连通的接线桩上，而将开关线接到开关静触点的接线桩上。

（4）暗装的开关应采用专用盒。专用盒的四周不应有空隙，盖板应端正，并应紧贴墙面。

## 13.3　质量验收

（1）综合管廊内应设正常照明和应急照明，并应符合下列规定：

① 综合管廊内人行道上的一般照明的平均照度不应小于 15lx，最低照度不应小于 5lx；出入口和设备操作处的局部照度可为 100lx。监控室一般照明照度不宜小于 300lx。

② 管廊内疏散应急照明照度不应低于 5lx，应急电源持续供电时间不应小于 60min。

③ 监控室备用应急照明照度应达到正常照明照度的要求。

④ 出入口和各防火分区防火门上方应设置安全出口标志灯，灯光疏散指示标志应设置在距地坪高度 1.0m 以下，间距不应大于 20m。

（2）综合管廊照明灯具应符合下列规定：

① 灯具应为防触电保护等级 I 类设备，能触及的可导电部分应与固定线路中的保护（PE）线可靠连接。

② 灯具应采取防水防潮措施，防护等级不宜低于 IP54，并应具有防外力冲撞的防护措施。

③ 灯具应采用节能型光源，并应能快速启动点亮。

④ 安装高度低于 2.2m 的照明灯具应采用 24V 及以下安全电压供电。当采用 220V 电压供电时，应采取防止触电的安全措施，并应敷设灯具外壳专用接地线。

⑤ 安装在天然气管道舱内的灯具应符合现行国家标准《爆炸危险环境电力装置设计规范》（GB 50058）的有关规定。

（3）照明回路导线应采用硬铜导线，截面面积不应小于 2.5mm$^2$。线路明敷设时宜采用保护管或线槽穿线方式布线。天然气管线舱内的照明线路应采用低压流体输送用镀锌焊接钢管配线，并应进行隔离密封防爆处理。

## 13.4　安全与环保措施

（1）配电系统实行分级配电。

（2）在采用接地和接零保护方式的同时，必须设两级漏电保护装置，实行分级保护，形成完整的保护系统。漏电保护装置的选择应符合规定。

（3）现场前期采用管廊内的临时电源。临时配电线路穿越马路时采用方料保护，防止电线碾压。

# 14 监控与报警系统

## 14.1 施工要点

（1）布线要求：系统建筑物内垂直干线应采用金属管、封闭式金属线槽等保护方式布线；与裸放的电力电缆的最小净距 800mm；与放在有接地的金属线槽或钢管中的电力电缆最小净距 150mm。

（2）水平子系统应穿钢管埋于墙内，禁止与电力电缆穿同一管内。顶棚内施工时，须穿于 PVC 管或蛇皮软管内；安装设备处须放过线盒，PVC 管或蛇皮软管进过线盒，线缆禁止暴露在外。穿管绝缘导线或电缆的总截面积不应超过管内截面积的 40%。敷设于封闭线槽内的绝缘导线或电缆的总截面积不应大于线槽净截面积的 50%。

（3）摄像机安装前的准备工作应满足下列要求：

① 摄像机应逐台通电进行检测和粗调。

② 应检查确认云台的水平、垂直转动角度满足设计要求，并根据设计要求定准云台转动起点方向。

③ 应检查确认摄像机在防护罩内紧固。

④ 应检查确认摄像机底座与支架或云台的安装尺寸满足设计要求。

## 14.2 质量要点

安装与调试：保安监控的各种设备的系统调试，由局部到系统进行。在调试过程中应遵照公安部颁发的《中华人民共和国公共安全行业标准》，深入检查各部件和设备安装是否符合规范要求。在各种设备系统连接与试运转过程中，应按照设计要求和厂家的技术说明书进行。

## 14.3 质量验收

（1）综合管廊监控与报警系统宜分为环境与设备监控系统、安全防范系统、通讯系统、火灾自动报警系统、地理信息系统和统一管理信息平台等。

（2）监控与报警系统的组成及其系统架构、系统配置应根据综合管廊建设规模、纳入管线的种类、综合管廊运营维护管理模式等确定。

（3）监控、报警和联动反馈信号应送至监控中心。

（4）综合管廊应设置环境与设备监控系统，并应符合下列规定：

① 应能对综合管廊内环境参数进行监测与报警。环境参数检测内容应符合表14-1的规定，含有两类及以上管线的舱室，应按较高要求的管线设置。气体报警设定值应符合国家现行标准《密闭空间作业职业危害防护规范》（GBZ/T205）的有关规定。

表 14-1　环境参数检测内容

| 舱室容纳管线类别 | 给水管道、再生水管道、雨水管道 | 污水管道 | 天然气管道 | 热力管道 | 电力电缆、通讯线缆 |
|---|---|---|---|---|---|
| 温度 | ● | ● | ● | ● | ● |
| 湿度 | ● | ● | ● | ● | ● |
| 水位 | ● | ● | ● | ● | ● |
| $O_2$ | ● | ● | ● | ● | ● |
| $H_2S$ 气体 | ▲ | ● | ▲ | ▲ | ▲ |
| $CH_4$ 气体 | ▲ | ● | ● | ▲ | ▲ |

注：●应监测；▲宜监测。

② 应对通风设备、排水泵、电气设备等进行状态监测和控制；设备控制方式宜采用就地手动、就地自动和远程控制。

③ 应设置与管廊内各类管线配套检测设备、控制执行机构联通的信号传输接口；当管线采用自成体系的专业监控系统时，应通过标准通讯接口接入综合管廊监控与报警系统统一管理平台。

④ 环境与设备监控系统设备宜采用工业级产品。

⑤ $H_2S$、$CH_4$ 气体探测器应设置在管廊内人员出入口和通风口处。

（5）综合管廊应设置安全防范系统，并应符合下列规定：

① 综合管廊内设备集中安装地点、人员出入口、变配电间和监控中心等场所应设置摄像机；综合管廊内沿线每个防火分区内应至少设置一台摄像机，不分防火分区的舱室，摄像机设置间距不应大于 100m。

② 综合管廊人员出入口、通风口应设置入侵报警探测装置和声光报警器。

③ 综合管廊人员出入口应设置出入口控制装置。

④ 综合管廊应设置电子巡查管理系统，并宜采用离线式。

⑤ 综合管廊的安全防范系统应符合现行国家标准《安全防范工程技术规范》（GB 50348）、《入侵报警系统工程设计规范》（GB 50394）、《视频安防监控系统工程设计规范》（GB 50395）和《出入口控制系统工程设计规范》（GB 50396）的有关规定。

（6）综合管廊应设置通讯系统，并应符合下列规定：

① 应设置固定式通讯系统，电话应与监控中心接通，信号应与通讯网络连通。综合管廊人员出入口或每一防火分区内应设置通讯点；不分防火分区的舱室，通讯点设置间距不应大于100m。

② 固定式电话与消防专用电话合用时，应采用独立通讯系统。

③ 除天然气管道舱外，其他舱室内宜设置用于对讲通话的无线信号覆盖系统。

（7）干线、支线综合管廊含电力电缆的舱室应设置火灾自动报警系统，并应符合下列规定：

① 应在电力电缆表层设置线型感温火灾探测器，并应在舱室顶部设置线型光纤感温火灾探测器或感烟火灾探测器；

② 应设置防火门监控系统；

③ 设置火灾探测器的场所应设置手动火灾报警按钮和火灾报警器，手动火灾报警按钮处宜设置电话插孔；

④ 确认火灾后，防火门监控器应联动关闭常开防火门，消防联动控制器应能联动关闭着火分区及相邻分区通风设备，启动自动灭火系统；

⑤ 应符合现行国家标准《火灾自动报警系统设计规范》（GB 50116）的有关规定。

（8）天然气管道舱应设置可燃气体探测报警系统，并应符合下列规定：

① 天然气报警浓度设定值（上限值）不应大于其爆炸下限值（体积分数）的 20%；

② 天然气探测器应接入可燃气体报警控制器；

③ 当天然气管道舱天然气浓度超过报警浓度设定值（上限值）时，应由可燃气体报警控制器或消防联动控制器联动启动天然气舱事故段分区及其相邻分区的事故通风设备；

④ 紧急切断浓度设定值（上限值）不应大于其爆炸下限值（体积分数）的 25%；

⑤ 应符合国家现行标准《石油化工可燃气体和有毒气体检测报警设计规范》（GB 50493）、《城镇燃气设计规范》（GB 50028）和《火灾自动报警系统设计规范》（GB 50116）的有关规定。

（9）综合管廊宜设置地理信息系统，并应符合下列规定：

① 应具有综合管廊和内部各专业管线基础数据管理、图档管理、管线拓扑维护、数据离线维护、维修与改造管理、基础数据共享等功能；

② 应能为综合管廊报警与监控系统统一管理信息平台提供人机交互界面。

（10）综合管廊应设置统一管理平台，并应符合下列规定：

① 应对监控与报警系统各组成系统进行系统集成，并应具有数据通讯、信息采集和综合处理功能；

② 应与各专业管线配套监控系统联通；

③ 应与各专业管线单位相关监控平台联通；

④ 宜与城市市政基础设施地理信息系统联通或预留通讯接口；

⑤ 应具有可靠性、容错性、易维护性和可扩展性。

（11）天然气管道舱内设置的监控与报警系统设备、安装与接线技术要求应符合现行国家标准《爆炸危险环境电力装置设计规范》（GB 50058）的有关规定。

（12）监控与报警系统中的非消防设备的仪表控制电缆、通信线缆应采用阻燃线缆。消防设备的联动控制线缆应采用耐火线缆。

（13）火灾自动报警系统布线应符合现行国家标准《火灾自动报警系统设计规范》（GB 50116）的有关规定。

（14）监控与报警系统主干信息传输网络介质宜采用光缆。

（15）综合管廊内监控与报警设备防护等级不宜低于 IP65。

（16）监控与报警设备应由在线式不间断电源供电。

（17）监控与报警系统的防雷、接地应符合现行国家标准《火灾自动报警系统设计规范》（GB 50116）、《电子信息系统机房设计规范》（GB 50174）和《建筑物电子信息系统防雷技术规范》（GB 50343）的有关规定。

## 14.4 安全与环保措施

（1）在交流电源电缆接入图像监控屏及通讯直流屏的两侧电源端子后，应用万用表测试接入两侧电缆芯火线、零线及地线是否对应以及两侧电缆芯间有无短路。在交流电源电缆接入图像监控屏及通讯直流屏的两侧电源端子前，须断开交流空气开关，用绝缘胶布封闭空气开关，严禁空气开关合闸。

（2）在工控主机电源线接入前，应用万用表测量交流火线、零线及地线对地电压，确认无电，并断开硬盘录像机电源空气开关。

（3）接入图像监控屏至通讯直流屏交流电缆二次接线时，可能会造成交流短路或接地，应做好相应隔离措施。